健康&長寿のヒケツは腸にあり!

＼獣医師が考案した／

ワンコの長生き腸活ごはん

著：林 美彩（獣医師）
監修：古山範子（獣医師）

世界文化社

はじめに

体のあらゆる病気・不調は腸に通じている！

最近、ワンコの診療にあたって、
飼い主さんの相談が昔と変わってきた気がします。
「便秘、軟便、下痢といった消化器症状」
「アレルギー疾患」
「精神不安に」
「分泌物の異常（涙やけや外耳炎など）になる」といったことが急増しているのです。
ワンコの暮らしは、昭和、平成、令和とどんどん
よくなってきているはずなのに、なぜでしょう。
それは「腸」に関係があると私は思っています。

腸脳相関（脳腸相関）は脳の影響が腸や腸内細菌叢《そう》（腸内フローラ）に何らかの影響をもたらし、その逆の腸や腸内細菌叢《そう》が脳に影響をおよぼす現象をいいますが、最近の研究では、腸腎相関（腸や腸内細菌叢《そう》は腎臓病の病態に相互に関与する）や、腸肝相関（腸や腸内細菌叢《そう》は肝臓とも密接に関与すること）もわかってきています。これだけ腸は各臓器と深い関わりを持つのです。逆にいえば、「腸が健康だったら、健康長寿は叶うのではないか？」といえます。それが腸活レシピの本を作ろうと思ったきっかけです。

本書では1冊をかけて、ワンコの腸をよくするための食材やレシピを掲載しています。2週間続ければ、毛並みも、重たかった体もみるみるよくなるかもしれません。もし続くならば、2カ月、2年と続けてください。

ワンコの健康維持、加齢による体に対する悪い影響などでお悩みの際は手に取って読んでみてください。腸に関する新しい知識を学ぶことによって、これからの未来が明るくなるかもしれません。今すぐ腸をリセットさせて、ワンコとの未来を歩み始めましょう！

巻頭スペシャル対談

著者 林 美彩 獣医師 × 監修 古山 範子 獣医師

病気になりにくい体づくりを目指し、手作り食の重要性や東洋医学を取り入れた代替療法を提唱。

犬猫の手作り食をはじめ、バッチフラワーレメディ、ホメオパシーなどの養生生活を広く提案。

本書は、愛犬のための「腸活」にフィーチャーしています。
今を生きるワンコたちの腸内環境やいかに……!?
日々彼らの体と向き合っているおふたりに、
腸活の必要性やその良さをお伺いしました。

現代を生き抜くワンコは 腸内環境が悪化している！ ―林先生

古山先生　近年、便のニオイがキツイ子が本当に増えていますね。飼い主さんにお伺いすると、やはり、便秘、軟便、下痢などの消化器症状を起こすワンコも多いです。

林先生　わたしも古山先生に同感です。それに伴って、アレルギー疾患、精神不安のワンコなどが多く見られるようになったと感じています。

古山先生　そうですね、腸内環境も影響すると考えられる、アレルギーなどの免疫疾患や内臓の慢性疾患も増えてきてますね。

林先生　一見、「精神不安などと腸内は関係あるの？」と思っている人も多いかもしれませんが、アメリカで実施された「ヒトマイクロバイオーム計画」の途中報告として発表された論文の中に「自閉症と腸内細菌」の関連を立証したものがありました。ワンコにも関係あるのではと私は思っています。

古山先生　腸内環境は、生活環境や食事内容に大きく影響されるので、それらを整えていくことの重要性を日々、強く感じています。

アレルギーも、腸が悪いせいかも。ワンコも「腸活」が重要なんです ―古山先生

林先生　現代のワンコは生活も食も多様性がある一方で、それらがストレスとなっているケースも多いように感じています。免疫の７割を担っているのが腸になるため、腸を整えておくことは病気に強い体づくりの基本となるだけでなく、腸はさまざまな臓器との関連性がわかっていますので、腸活＝長生きの秘訣になると考えています。

古山先生　幼いワンコでも、消化器症状を繰り返す子もいますし、やはりアレルギーを疑う子もいます。シニア犬になるとますます、腸内環境は乱れやすく、慢性疾患を抱えている子も多いため、腸活はとても重要ですし、これからもっと注目されると思います。

東洋医学の観点からも健康長寿には、腸内環境を整えることが必須 ―林先生

林先生　東洋医学で考えた場合、小腸は心臓と、大腸は肺と関連しています。心臓は生きていくうえでいちばん大事な臓器ですが、心臓のケアを行うときには小腸のケアを同時に行うと治りが早いといわれています。同時に、肺は呼吸を司り、外からエネルギーを取り入れるための臓器で、肺のケアを行うときには大腸のケアを同時に行うと治りが早いといわれています。つまり、小腸と大腸をしっかりとケアしておくことで、体内での重要な働きを担っている心臓・肺という２大臓器をサポートすることができるため、健康で長生きできる体づくりが目指せると考えています。

古山先生　現代では獣医療も進み、飼主さんの意識も高くなっていることと思います。そのなか、ワンコの寿命は延びているものの、心身の健康長寿を保つことは難しくなっているかもしれません。腸内環境を整えることが免疫を整え、肥満対策にもなり、慢性疾患の予防にもなるはずです。

＼獣医師が考案した／

ワンコの長生き腸活ごはん

目次

第2章

10の食材で作る
長生き腸活ごはん

第3章

安心&手軽に!
長生き腸活おやつ

第4章

獣医師が教える
腸活の心得＆簡単マッサージ

第5章

身近な疑問にお答えします！
腸活ワンライフQ＆A

※本書編集ページに記載されている商品は、原則として税込価格であり、2024年2月5日現在のものです。本体価格や店舗情報は諸事情により変更されることがあります。また、掲載した写真の色や素材感が、実際の商品と若干異なる場合があります。あらかじめご了承くだささい。

第1章

ワンコの腸活 基本の「き」

愛犬の健康に欠かせない腸活を始めるにあたって、
まずはワンコの腸を知ることから始めましょう。
現代のワンコの腸内環境を学ぶことで、よりよいライフスタイルに！

昔との違いは？

現代のワンコの腸はどうなっているの？

近年、脚光を浴びているワンコの腸。
腸内細菌の役割、また腸内の環境が乱れると
どんな問題が起きてしまうのかを一緒に学んでいきましょう。

ワンコの腸は腸内細菌叢《そう》という菌の集合体を持っていて、**善玉菌、悪玉菌、日和見《ひよりみ》菌**が存在します。

人間もそうですが、ワンコの場合も善玉菌2：悪玉菌1：日和見菌7の割合で存在しているのが理想のバランスであり、善玉菌と悪玉菌のバランスが崩れることで、下痢や便秘、肝臓・腎臓などの内臓の疾患、アトピーなどの皮膚疾患、アレルギー、精神疾患などさまざまな不調の恐れもあります。

獣医師として感じるのは、現代のワンコたちは過去のワンコと比較して、多少なりともわたしたち人間と密に関わるようになったこと。

医療の発展や環境・食事なども見直されるようになって長生きワンコが増えてきました。一方で、祖先であるオオカミと比較して腸の長さはやや長くなり「雑食性」が強くなったものの、人と比較した場合にはまだ「肉食寄り」の体のつくりです。

しかし、現代の食事は、ワンコが消化しにくい栄養素が多く含まれているものが多く、胃腸に負担がかかってしまっていたり、生活環境でも有害物質などがあふれていたりするため、それらによる腸内環境の乱れから、体調不良を訴える子も少なくありません。

まだオオカミに近い部分があった？

昔のワンコ

食事　飼い主の残飯、ネコマンマ。

住まい　敷地の屋外。

医療　「病気になったらそれが寿命」。

完全に、人間のパートナーに！

現代のワンコ

食事　主にドッグフード、雑食寄りに。

住まい　屋内で冷暖房完備。

医療　「病気になったら動物病院で人同様の治療を！」。

菌の割合も大事！

ワンコの腸内環境が良い状態と悪い状態

健康には、菌の多様性やバランスが大事。
それは人間も犬も同じです。
健康に保つために何が大切なのか詳しく解説しましょう。

前ページで述べたとおり、人間と同じようにワンコも、善玉菌と悪玉菌のどちらかが多すぎても、少なすぎても、腸内環境は悪化してしまいます。これに日和見菌を加えた、バランスの良い状態が健康的といえます。割合としては、くり返しますが、**善玉菌：悪玉菌：日和見菌＝2：1：7**であることが理想です。善玉菌が悪玉菌より多いことで、日和見菌が善玉菌の味方になってくれます。

日和見菌は文字どおり、生活習慣や食生活などの様子をうかがい優勢なほうにつく菌です。そのため、悪玉菌が多くなると、日和見菌は悪玉菌の味方についてしまい、腸内環境は悪化してしまいます。犬の腸内環境が悪化すると、アレルギー性皮膚炎やがんなどの症状を発症する可能性や、肥満や糖尿病につながることも指摘されています。また、ワンコ腸内環境はストレス、老化・食べ物などによって悪化します。

腸内環境に悪影響を及ぼすNo.1

ストレス

環境や気候の急激な変化や、運動量が少ない、室内で長時間過ごしている、遊んでもらえない、飼い主に叱られるなどです。逆に、過剰すぎるワンコへのコミュニケーションや多頭飼育がストレスになる場合も、腸内環境のバランスを崩す要因になります。

年齢を重ねることは避けられない

老化

年齢を重ねると老化が起こり、体の状態も変化します。そして、老化により善玉菌が減少し、悪玉菌が増えることで腸内環境が悪化します。

質により腸内環境を左右する

食事

脂肪分や添加物の多い食事は、体に負担がかかってしまい、腸内にも悪影響を及ぼします。ほかにも治療による抗生剤の投与が、腸内環境に影響を及ぼす場合も！　悪さをしている菌を抑える目的で抗生剤を使いますが、その際に善玉菌にも作用してしまうため、腸内環境の悪化につながってしまうことがあります。

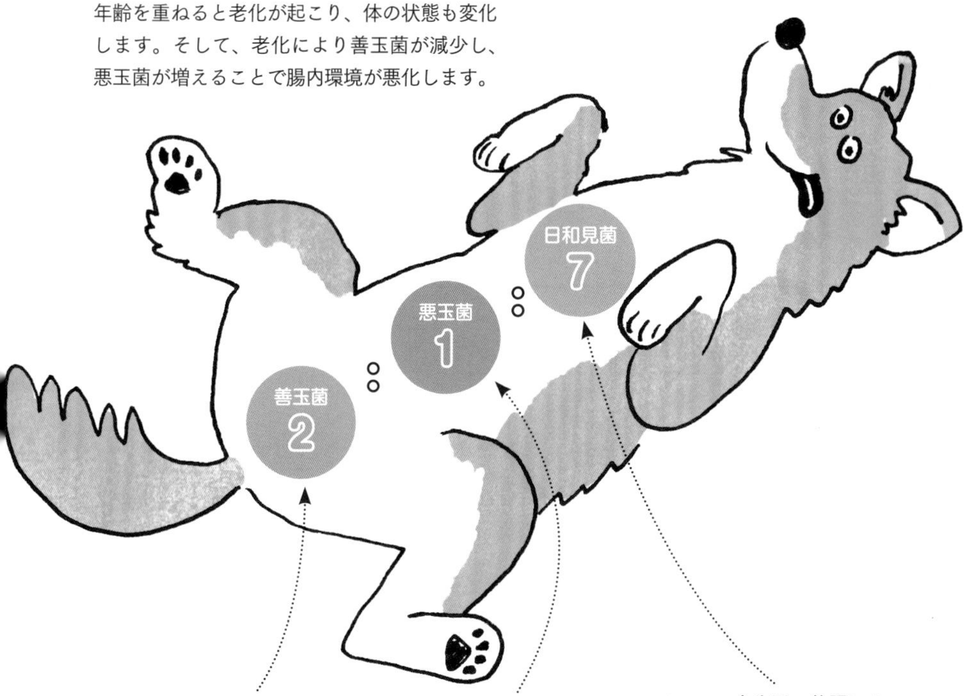

発酵

免疫を高める。
消化吸収をサポート。

腐敗

腸内の食べ物を腐らせる。
毒素・有害物質の産生。

食生活、体調によって、善玉菌・悪玉菌のうち優勢なほうの味方になる。

免疫の７割を担っている!?

腸内環境を整えるメリットとは?

腸内環境がいい＝健康ということはなんとなくわかるけれど、具体的にどんなメリットがあるのでしょうか？
その疑問にお答えしましょう。

免疫の７割は腸が担っていますので、腸内環境を整えて免疫がしっかり働けるようにするということが大事です。

では、免疫とは何でしょう？　それは、ひと言で言えば、体内に生じるさまざまな異物に反応し、それらを抑え込んでくれる機能のことです。例えば、ウイルスが体内に入ってきたとしましょう。すると、体内で伝達物質を分泌して、ウイルスの細胞を破壊するよう命令します。このように、ウイルスに感染した細胞を破壊する防御機能を免疫と呼ぶのです。

免疫がしっかり働ける＝健康が保たれる＝長生きの秘訣であると考えています。

また、今は脳腸相関、腸肝相関、腸腎相関、腸皮膚相関というように、腸＋そのほかの器官の相互関係もわかってきているので、ワンコも腸を整えておくことが、結果的にほかの器官のケアにもつながるということです。

実際、アトピーのワンコは腸内細菌の種類が少ない、肥満のワンコは腸内細菌のバランスが悪い、認知機能が低下しているワンコの腸内細菌は多様性が少ないなど、腸内細菌と疾患の関係性を研究した論文がここ数年でたくさん出てきています。

免疫バランスが整う

腸内環境のバランスがよいと腸の免疫細胞が正常に働きます。それによって、腸内細菌のバランスが乱れているときと比べて、さまざまな病気のリスクが低くなります。

老化予防に期待

老化は経年による影響だけではなく、細胞や組織の炎症によっても起こるといわれています。腸内環境を整えると免疫細胞がよい状態に保たれて、炎症を抑えられるため、老化予防につながります！

肥満予防

腸内環境のバランスを整えると、酢酸や酪酸などの総称である短鎖脂肪酸がきちんと作られるようになります。短鎖脂肪酸は、エネルギー代謝をコントロールする役割があり、肥満予防にも効果があるといわれています。

代謝UP!

腸が活発なら栄養素を効率よく吸収し、エネルギーを体の隅々にまで届けられ、全身に運ぶことで、血液の循環もよくなり、体温も上がります。エネルギーが行き渡った内臓は、働きが活発になり、基礎代謝もアップ！

口臭予防に

食べ物として摂取した炭水化物やたんぱく質が腸内で腐敗してしまったり、悪玉菌が増えて腸内環境が悪化してしまうと、口臭がきつくなる可能性も！　善玉菌を増やすことが重要です。

幸せホルモンが増え、イライラしない！

腸内環境を整えることで、必須アミノ酸のトリプトファンが吸収されやすくなり、それが脳に送られることで、脳内セロトニン(幸せホルモン)が作られ、精神安定や食べすぎ抑制が期待できます。

毎日の習慣に！

ワンコの便を確認

腸内環境の状態は、ワンコの便を見ることで確認することができます。
腸内環境が悪い状態では、便は軟便や下痢などの形状になります。
反対に便秘になることもあります。

当然ながらワンコは話せません。いわば、ウンチはワンコからのラブレターです。
毎日、ウンチの良し悪しを見極めることは、飼い主にとって重要なことです。

見極めポイント

- **1 回の排便で 2 本程度の便がスムーズに排泄されているか？**
- **しっとりしているか？**
- **地面にうっすら跡がつくくらいがベスト。つかない時はやや便秘。**

腸の環境が

アルカリに傾いているときには、

腸内細菌の中でも悪玉菌が優勢な状態であり、「腐敗」という状態が起こります。
そうすると、便臭はきつく、色も黒っぽく、硬いものが出やすくなり、いわゆる便秘の状態が起こりやすくなります。

弱酸性に傾いているときには、

善玉菌が優勢な状態となり、「発酵」という状態になります。
そうすると便臭はあまりせず、色は黄土色、程よく水分を含んだ便が出てきます。

ただ、食べたものによっても便の状態は変わりますので、ニオイ・硬い・どのくらいの量が出ているかで判断してください。おならや口臭も一緒にチェックしましょう。

目指せ！普通便

ウンチの形状を知ろう！

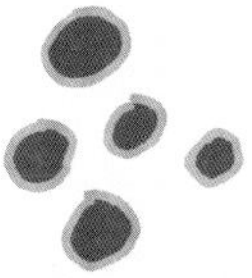

コロコロ便

硬くてコロコロした
うさぎの糞の
ような便。

硬い便

水分含量が
少なく、
硬い便。

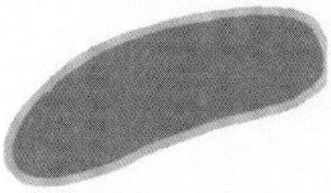

普通便

表面がなめらかで
柔らかいソーセージ状、
あるいはとぐろを巻く便。

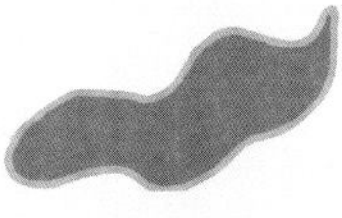

軟便

形はあるが
つまむことの
できない硬さ。

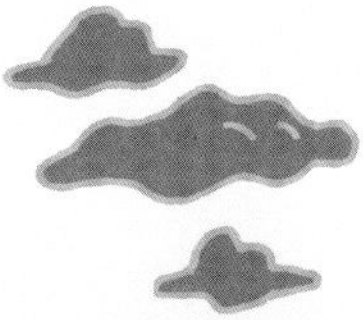

泥状便

形を維持することの
できない、不定形の
ゆるい便。

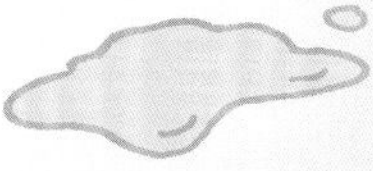

水様便

水様で固形物を
ほぼ含まない
液体の便。

生活習慣が“モノ”をいう

ワンコの腸に良い日常生活

腸に悪影響を与える生活習慣は、いわば健康の大敵。
愛犬への接し方、または生活習慣を変えることが
腸に優しい生活につながっています。

ストレスフリーな生活

例えば、家の環境が変わったり、引っ越しをしただけでも、神経質なワンコはストレスに。

大事なのは家族みんなが穏やかに過ごし、快適な生活環境にしてあげることです。外部の音などにも気をつけましょう。また、適度なコミュニケーションを取ることも重要です。甘やかしすぎもよくありませんが、ワンコはいつもコミュニケーションを取りたがる性格ということを忘れずに。そして、ワンコにとって適切な運動量の散歩をすることも重要です。

自分のしっぽを噛んだり、追い回したり、皮膚炎を起こすほど体を執拗になめ続けたり、激しい脱毛、下痢、血尿、嘔吐などの不調はストレスがたまっているサインです。

口腔内の環境が整っている

ワンコの口腔内はアルカリ性に傾いており、人間のように虫歯にはほとんどなりません。しかし、歯垢が歯石になるスピードが速く、３～5日ほどで歯石になってしまいます。また、ワンコの歯周病も、近年、問題になっています。歯周病菌による慢性炎症が歯の組織の破壊のみならず、全身疾患を誘発する危険因子になる可能性も。それらの疾患の多くが腸内細菌に関連するということも判明しています。

適度な運動量

犬の運動量は、年齢や犬種、ライフステージ、体型によっても異なり、個体差で調整しなくてはいけません。以下が目安です。

超小型犬 の運動量
1日2回（1回20～30分）

小型犬～中型犬 の運動量
1日2回（1回30分～1時間）

大型犬 の運動量
1日2回（1回1時間以上）

添加物の少ない食事、腸を冷やさない温かい食事

保存料や人工甘味料などの食品添加物は腸内環境を悪化させます。また、熱すぎる食べ物はワンコの火傷のもとに。人が食べて「ぬるいな」と感じる程度の温かさを保ちましょう。

適切な睡眠

運動量同様に個体差はありますが、ワンコの1日の平均睡眠時間は約12～15時間！1歳未満の成長期のワンコやシニア犬の場合は、さらに睡眠時間が長くなる傾向にあり、1日18～19時間ほど寝ることも！

生活習慣が“モノ”をいう

ワンコの腸に悪い日常生活

ワンコの腸内環境に悪影響を与えるかもしれない

原因を紹介します。

ストレス過多

ワンコが下痢や腹痛を引き起こしたりしたら要注意。ストレスを感じているときは交感神経が優位になることが多く、腸の動きが悪くなるといわれています。

口腔内のケアができていない

前にも述べましたが、犬は3〜5日で歯石ができますので、歯のお手入れは絶対必要です。犬の歯磨きは“ゆっくり”、“優しく”が基本。歯磨きガムでは、歯磨きをすることと同じ効果は得られないので、できるだけ歯磨きをすることを基本にしてください。終わったらご褒美を忘れずに。

添加物が多い食事、冷えた食事

食生活の乱れは、腸内環境を悪化させます。ワンコの腸内にも、ビフィズス菌・乳酸菌・酪酸菌など、多くの種類の腸内細菌が生息していますが、それらの細菌の多様性を保つことが、すこやかな腸内環境を保つポイントです。食物繊維が多い食生活に変えてみて！　冷えた食事はダイレクトに体を冷やすのでおすすめしません。

生活リズムの乱れ（睡眠不足、運動不足など）

運動不足は悪玉菌の増殖につながるといわれています。また、ワンコも、睡眠不足は自律神経が乱れる原因となり、腸にも悪影響を及ぼすといわれています。

ワンコの健康長寿のために……

腸活に効く成分は？

日々の食習慣を見直しながら、
いつまでも健康的な体でいられるよう
腸活におすすめの成分を紹介します。

食物繊維で腸活を！

ワンコの腸活は、「畑を耕して、土の状態をよくする」というところから始まります。

まずは大腸の状態をよくして、さまざまな腸内細菌に棲みついてもらい、バランスよく働いてもらう必要があるのです。そのための畑づくりに欠かせないのが、不溶性と水溶性の２種類に大別される**食物繊維**です。

水に溶けない**不溶性食物繊維**の代表的な成分は穀類やいも類、豆類、野菜類、きのこなどが挙げられます。主な役割は、便のかさ増し。便の量が増えることで腸管の蠕動《ぜんどう》が活発になり、便通を促します。そして、腸管の掃除も担います。大腸の中を移動しながら腸壁にくっついた便カスを絡め取ってくれます。

一方、**水溶性食物繊維**には、海藻の**フコイダン**やごぼうの**イヌリン**などが挙げられます。主な役割は便を柔らかくして、なめらかなウンチを排出すること。また、腸内の細菌のエサとなることも挙げられます。大腸に棲む有用菌の多くは、水溶性の食物繊維が大好物。水溶性食物繊維が多く届けば、こうした腸内細菌はそれをエネルギー源に自分たちの活動や勢力を広げていきます。

ただし、食物繊維はワンコにとって消化が悪いのが特徴です。ワンコに与えるときは、必ず細かく刻み、基本、加熱してからあげましょう！

今、注目しているのはレジスタントスターチ

そして、わたしが注目しているのは、**レジスタントスターチ**です。体内で消化されない（＝レジスタント）でんぷん（＝スターチ）のことで、「難消化性でんぷん」とも呼ばれています。

でんぷんでありながら、食物繊維不足を補うといわれている成分です。さらにすごいのは、ただの食物繊維ではなく発酵性食物繊維ということ。食物繊維という言葉は、よく聞くかと思いますが、〈発酵性食物繊維〉という言葉は、まだ耳慣れない人が多いかもしれません。

発酵性食物繊維は、善玉菌のエサとなって発酵し増殖をサポートするとともに、善玉菌に有用物質（短鎖脂肪酸）を作り出したり、腸内を弱酸性に保って悪玉菌の増殖を抑え、腸管のバリア機能を高めて免疫機能を調整してくれたりします。また、脂肪細胞に働きかけて脂肪の蓄積を抑えたり、血糖値の上昇を抑えたりする作用から肥満を防ぐ効果も！

ワンコの腸にとっては減らすべきは？

腸活にあまり向かない成分は？

人間がよく食べる食材でも、
ワンコにとっては大量に食べないほうがいい成分はたくさんあります。
今、世界でも「腸活にはよくないのでは？」と話題となっている成分をお教えします。

添加物や酸化脂質を多く含むもの

「添加物は人間にとっても避けたい存在です。良質な脂質も酸化してしまうと体内の炎症を加速させてしまいます」

カゼイン（α型）、乳糖

「主に牛乳やヨーグルトなど。カゼイン（α型）を頻繁に摂取すると、下痢・便秘などの腸の症状が起きるワンコは要注意。これは、消化できないカゼインが多くなり、腸の炎症を招き『リーキーガット症候群（腸漏れ症候群）』が起こるから。さらに牛乳やヨーグルトに含まれる乳糖によって下痢を起こすことも！　ちなみに山羊のミルクにはカゼイン、乳糖の含有量が少ないのでおすすめです」

レクチン

「植物性たんぱく質の一種で、アメリカではレクチンフリーという言葉も流行りつつあります。豆、玄米、そば、じゃがいも、トマト、なす、きゅうり、とうもろこしなどの食材にも含有されています。レクチンが恐れられている理由は、『難消化性（消化されにくい）』であること。食べすぎや体質に合わなかった場合、腸にくっついたままになってしまい、腸に炎症を起こして、リーキーガット症候群（腸漏れ症候群）を発症することも！　ワンコが食べたら、便秘や下痢が多いという場合は避けるようにしましょう。心配な方は獣医師に相談を！」

グルテン
（レクチンの一種）

「グルテンフリーをしているワンコも増えていますが、その理由はグルテンを摂取すると、ゾヌリンというたんぱく質が過剰に分泌され、腸に穴があいてしまっている状態に（リーキーガット）。その結果、本来、腸の中にあるべき食べ物や腸内細菌が細胞のすき間をすり抜けて、腸の外に出てしまうことが原因となり肥満やアレルギーといった症状を引き起こします。涙焼け、外耳炎 、肢先をなめるなどの症状もグルテンが影響しているかもしれません。小麦の大量摂取は、腸活を重要視するなら向いているとはいえません」

長生き腸活ごはん

栄養バランスの黄金比は?

愛犬の体重によって、まずはメインとなるたんぱく質(肉または魚)を決めましょう。炭水化物は少なくてもOKです!

たんぱく質 1 : 野菜

雑食寄りの肉食動物のため、しっかりと動物性たんぱく質を摂取することが重要。ただし動物性たんぱく質の摂取は、腸の環境をアルカリに傾ける傾向にあるため、悪玉菌が働きやすい環境に。

マウスの実験では……

カロリー制限すると長生き!?

マウスの実験になりますが、カロリー制限食を与えたマウスと高カロリーの食事を与えたマウスでは、カロリー制限食を与えたマウスのほうが長生きだったという報告があります。老化と深いかかわりがあるテロメアという部分は、カロリー制限・腹7分目で空腹時間を作り出すと、サーチュイン遺伝子(長生き遺伝子)が活性化するため、老化の進行を妨げることが期待できます。

1~2 : 炭水化物 0.5
（糖質＋食物繊維）
が目安！

ワンコの体のつくり的には消化が苦手な食材ですが、食物繊維の摂取源としてとても重要です。不溶性食物繊維は排便を促し、水溶性食物繊維は腸内細菌が有効活用することによって腸の環境を弱酸性に傾ける＝善玉菌が働きやすい環境を作ってくれます。

（がん疾患の場合は、炭水化物、特に糖質量を減らして、その分、たんぱく質をプラス！）

炭水化物は即効性のエネルギー源。不足するとエネルギー不足で疲れやすくなり、過剰に摂取すると肥満を招きます。糖質が少なく食物繊維を多く含む「低 GI 値」の炭水化物を意識しましょう。

継続がいちばん！

腸活するための5カ条

① 毎日、ウンチのチェックを忘れるべからず。

② 腸活食材はローテーション。食材数はなるべくシンプルに。

③ 食材は刻んで与えるべし。

④ ゆっくり食べさせる工夫を！

⑤ ワンコ＆飼い主ともに、ストレスフリーの生活を心がけるべし。

第2章

10の食材で作る 長生き腸活ごはん

**無理なく続けられるよう、
スーパーで手に入る食材を中心に、
腸内環境を整える
手作りごはん20レシピをご紹介。
ご家族への一品も提案し、
ワンコもわたしも体質改善を。**

余った食材で飼い主の一品に！

消化能力・運動レベルでも大きく変わる！

長生き腸活ごはんの

食事量の割合（5kgのワンコを1とした場合）

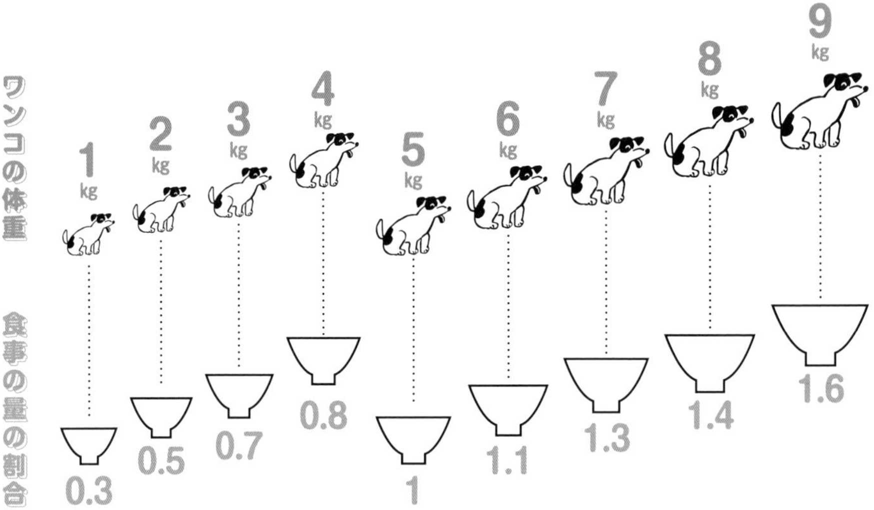

Q 手作り腸活食にして痩せてしまいました。

A カロリーが足りていない可能性、大！

鶏肉の場合、むね肉を皮ごと与えてみたり、亜麻仁油やサーモンオイルを足してみてはいかがでしょうか？　1週間ごとに体重を測り、それでも痩せてしまうようならば病院で診てもらいましょう。

Q 授乳中のワンコはどうすればいいの？

A 妊娠7週目（後期）から授乳期は基本1.5倍と心得て！

妊娠7週目（後期）から授乳期は母犬の必要カロリーは成犬の1.5倍程度になります。与える量も増やしましょう。しかし、妊娠中は胃が圧迫されるため、何度かに分けて、少量ずつ与えましょう。十分な栄養が摂取できるような配慮が必要です。

与え方

あくまでも目安になります。
ワンコの胃の許容範囲や消化能力、
運動レベルで食べる量は変わります。

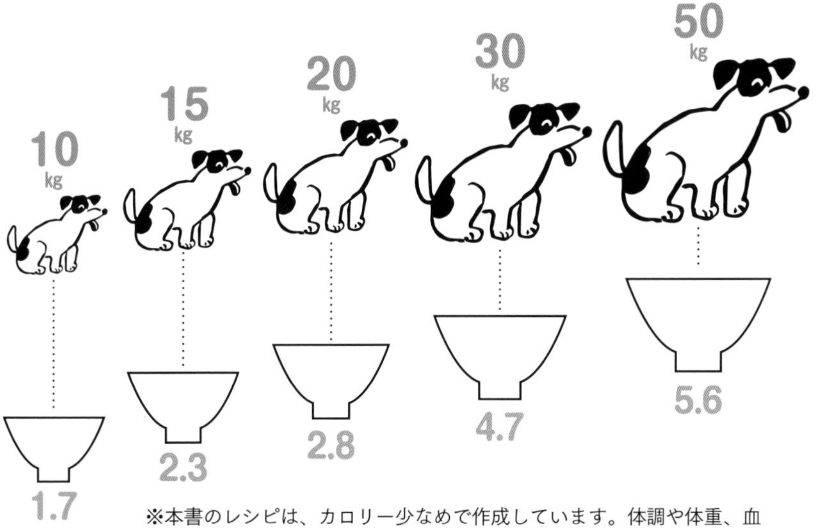

※本書のレシピは、カロリー少なめで作成しています。体調や体重、血液検査などを見ながら、量を増減してみてください。逆に運動量の多い成犬は全体の1.2倍にしてもOKです。※ドライフードやウェットフードと併用している場合は、減らした分と見た目が同じぐらいの量を与えてください。

Q シニア犬です。注意すべきことはありますか？

A 咀嚼力、消化力の落ちたシニア犬は、細心の配慮が必要！

ワンコの食欲が低下しているときでも、食べやすい大きさにカットした、香りのいい料理で食欲が出る子もいます。咀嚼力が落ちている場合には、煮込んで粥状にしてあげたり、消化力の落ちたシニア犬には、できるだけ細かく切り刻むなど工夫を忘れずに。今までドッグフードだった場合は、まずトッピングから始めて、少しずつ変えていくのもいいでしょう。

まずは2週間続けてみよう！

長生き腸活ごはんの

いつでも新鮮なお水が飲めるように！

水分は栄養素の働きをスムーズにするために欠かせません。新鮮なお水を置いておくことはわたしたちの務めでもあります。ワンコの体の60～70％は水分で、10％以上を失うと生命の危険にもつながります。１日に必要な水の量はワンコの体重（kg）×0.75乗×132mℓです。ただしこの量は食事で摂れる水分も含みます。実際の飲水量の目安はワンコの体重（kg）×50～70mℓ程度。体重（kg）×100mℓを超えると多飲の症状となり、病気の可能性も……。食事内容や季節によっても異なるため、どれぐらい飲んでいるかを知っておきましょう。

熱すぎる食事を与えない

ワンコに与える食事の温度は、35～40℃くらいがベストといわれています。「指で触ってちょっと温かい」くらいがちょうどよいです。ワンコはよく噛むことはしません。飼い主が指で触って「熱っ！」と感じる温度ではのどや口の中を火傷してしまう可能性も。

食材はよく切り刻んで

今回紹介する食材は食物繊維がたっぷりのため、消化が悪いものがほとんど。作る際には食材を切り刻みましょう。また、今回、切り干し大根入りつくねスープ（P.50）、切り干し大根入りオムレツ（P.52）、れんこん入りお好み焼き（P.56）、れんこん入りあんかけハンバーグ（P.58）、オクラの肉巻き（P.66）なども掲載しましたが、**どれも細かくグチャグチャにしてから、与えることを忘れずに！**

P.52の切り干し大根入りオムレツも、このように犬の咀嚼力などに合わせて、小さく切り刻むこと。

注意点

栄養満点の長生き腸活ごはんを
与える際の注意点を紹介します。
食の細い子やシニアの子にもおすすめ！

毎日、同じ食材に 偏らないように

たとえ、ワンコが好きな食材でも、毎日同じものを与えていれば、栄養が偏ります。今回、10食材で20食のレシピを用意しました。そちらを使い分けて、上手に腸活を行ってください。もちろん、飼い主の腸活にもなるため、今回、飼い主用のレシピも用意しました。ワンコとご家族で楽しく腸活を始めましょう！

多めに作って 冷凍保存してもOK！

毎日同じ食材を与えていたら、さすがにワンコも飽きます。いくつか多めに作っておき、1食ずつに分けて、冷めたら冷凍庫に。とはいえ、鮮度は落ちるので、10日ほどで使い切るようにしましょう。

まとめて作って、冷凍しておくと、とても便利！

ワンコの変化を CHECK！

まずは、2～3日で「おしっことウンチの色やにおいが変わった」「ウンチの量が変わった」というのがいちばんわかりやすいところ。そして、腸活を続けていくことで、「目ヤニが減った」「体温が上がった」「体臭が減った」「毛がツヤツヤに」「活動的になった」などが感じられたら大成功！　そして、おいしそうにごはんを食べてくれたら、こんなにうれしいことはありません。

おすすめ
食材
1

キャベツ

不溶性食物繊維により便通を調整し、腸内細菌がキャベツに含まれる水溶性食物繊維を利用することによって短鎖脂肪酸を作り出します。腸内環境が酸性に傾き、善玉菌が働きやすい環境を作るほか、ビタミンU（キャベジン）が胃腸の粘膜を保護する作用も！　低カロリーだからダイエット食としても◎。

主な栄養素

食物繊維
（不溶性・
水溶性）

ビタミンU

ビタミンC

特に水を吸って膨らむ不溶性食物繊維が多く含まれているため便秘気味のワンコにおすすめ！　そのほか、胃酸の過剰な分泌を抑制したり、胃腸の粘膜を保護したりする働きがあるビタミンU、強い抗酸化作用で老化防止にもなるビタミンCが含まれています。

与える際の注意点

生より加熱したほうが消化しやすくなるため、ゆでる、焼くなどがおすすめ。ただし、ビタミンCとビタミンUは水に溶けやすいため、加熱する時間を短くし、少ない水でゆでましょう。

P.36の食材で余ったら飼い主の一品に！

キャベツとしめじの辛味噌炒め

材料（2人分）

キャベツ ········200g
しめじ ············50g
A
- 減塩味噌 ······ 大さじ1/2
- 酒 ········大さじ1
- 輪切り赤唐辛子 ············ 少々

米油 ··········小さじ1

作り方

❶キャベツはざく切りに、しめじは石づきをのぞき、小房に分ける。
❷フライパンに米油をひき、①を加えて強火でサッと炒める。蓋をして弱火にし、野菜がしんなりとしたら混ぜ合わせたAを加えて、炒め合わせる。

決め手は魚介の凝縮だし汁
野菜もいっぱいの本格ビーフン

キャベツと帆立といわしのビーフン

材料 5kgのワンコ1日(2食)分

キャベツ……25g
帆立水煮(食塩のみ使用されているもの、
貝ひもは取り除く)……45g
帆立水煮缶の汁……20mℓ ※身と汁を使う
いわし(3枚おろし)……60g
黄パプリカ……25g
しめじ……20g
ビーフン(乾)……20g
水……200mℓ
オリーブオイル……小さじ1と1/2

3

5

作り方

1. キャベツはせん切り、黄パプリカは5㎜幅に薄切りに、しめじは粗みじんに切る。いわしは一口サイズに切る。
2. ビーフンは手で3㎝幅に折る。
3. 帆立水煮缶を身と汁に分ける。
4. 鍋に分量の水と①の野菜としめじを入れて中火で煮る。火が通ったら②と③の汁を入れる。
5. ビーフンが柔らかくなったら①のいわしを入れて弱火で蓋をし、火が通ったら細かく刻んだ帆立の身を入れて混ぜ合わせる。
6. 全体に火が通ったら器に盛り、オリーブオイルを回しかけて完成。
※与える際にはいわしの小骨に注意を。

体と心に
ホッと染みる優しい味わい

ことこと煮込んだポトフ

材料 5kgのワンコ1日(2食)分

キャベツ ……………………………… 30g
牛もも肉ブロック ……… 100g ※やや脂身付き
にんじん ……………………………… 40g
まいたけ ……………………………… 30g
さつまいも …………………………… 50g
かつおと昆布の合わせだし汁 ………… 150mℓ
亜麻仁油 …………………………… 小さじ1

作り方

1. キャベツはざく切りに、にんじんは5㎜角、まいたけは粗みじんに、さつまいもは5㎜角に切った後、水にさらしておく。
※さつまいもにはシュウ酸が含まれるので、水によくさらす。
2. 牛もも肉ブロックを1㎝角に切る。
3. 鍋にかつおと昆布の合わせだし汁を入れ、①のにんじん、まいたけ、さつまいもを入れ、中火で煮る。
4. 火が通ったらキャベツを入れ、野菜すべてに火が通ったら②を入れる。
5. 牛もも肉ブロックに火が通ったら器に盛り、亜麻仁油をかけて完成。

3

5

かつおと昆布の合わせだしの作り方

材料
水1ℓに対して、
昆布5g、かつお節15g

作り方
鍋に分量の水と昆布を入れ、30分ほどつけておく。鍋を中火より弱めの火にかけ、10分くらい沸騰直前まで加熱する。鍋から昆布を取り出してかつお節を入れ、弱火で1〜2分したらざるでこす。

簡単なのに見栄えも抜群。
半熟の目玉焼きと野菜の甘みに
そそられる！

巣ごもりたまご

材料 5kgのワンコ1日（2食）分

キャベツ ………………………………… 40g
豚もも肉薄切り ………… 80g ※やや脂身付き
うずらの卵 ……………………………… 3個
赤パプリカ ……………………………… 30g
しめじ …………………………………… 30g
じゃがいも（皮なし）…………………… 50g
オリーブオイル ……………………… 小さじ1
岩塩 …………………………………… 0.2g
水 ………………………………………… 少々
米油 ……………………………………… 少々

作り方

1. キャベツ、赤パプリカ、じゃがいもはすべてせん切り、しめじは粗みじんに切る。豚もも肉薄切りは1cm幅に切る。
2. 米油をフライパンにひき、①の野菜としめじを炒める。
3. ある程度火が通ったら具材を円形にまとめ、中央にくぼみを作り、円形の縁に豚もも肉薄切りを並べ、中央のくぼみにうずらの卵を割り入れる。
4. 水を回し入れて蓋をし、弱火〜中火で蒸し煮にする。
5. すべての具材に火が通ったら、器に盛りつけオリーブオイルと岩塩をふりかけて完成。

おすすめ
食材
2

ごぼう

水溶性と不溶性の食物繊維が豊富で、ワンコにとっても腸活には欠かせません。水溶性食物繊維である「イヌリン」の働きで糖質の吸収を抑えることができるため、ダイエット中のワンコにもおすすめ。「ケストース（フラクトオリゴ糖の一種）」を含むため、善玉菌のエサの供給源としても優秀な食材です。

主な栄養素

食物繊維（不溶性・水溶性）

必須アミノ酸（アルギニン）

オリゴ糖

不溶性食物繊維「リグニン」と水溶性食物繊維「イヌリン」がバランスよく含まれているため、腸内の善玉菌を増やし、便秘を解消するのに役立ちます。さらに必須アミノ酸のひとつ「アルギニン」は、体内にあるアンモニアを無毒化して、尿として排出するのに役立つことから、疲労回復にも役立つと考えられています。

与える際の注意点

ごぼうは一般的に生で食べません。それはワンコも同様で、生はNG。必ず加熱してから与えるように注意を。

P.46の食材で余ったら飼い主の一品に！

ごぼうと鶏むね肉の青のりマヨ

材料（2人分）

	ごぼう	100g
	鶏むね肉	50g
	ゆで卵	1/2個
A	酒	小さじ1
A	塩	少々
B	マヨネーズ	大さじ2
B	しょうゆ	少々
B	青のり	適量

作り方

❶ごぼうは、ささがきにしてさっと水にさらし、水気をきる。耐熱皿に入れ、ふんわりとラップをし、600Wの電子レンジで2分加熱し、そのまま冷ます。

❷鶏むね肉は耐熱皿に入れAをまぶしてふんわりとラップをし、600Wの電子レンジで1分加熱し、裏返してさらに1分加熱し、そのまま冷ます。

❸ボウルにゆで卵を入れて潰し、Bと①、手で食べやすい大きさに裂いた②を加えて、混ぜ合わせる。

具だくさん！
栄養バランスのいい一品

ごぼうの豚汁

材料 5kgのワンコ1日(2食)分

2

4

ごぼう …………………………… 20g
豚もも肉薄切り ………… 60g ※やや脂身付き
厚揚げ(油抜き済みのもの) ……………… 30g
にんじん ……………………………… 30g
しいたけ(生) …………………… 1個(約15g)
糸こんにゃく …………………………… 30g
里いも(皮なし) ………………………… 60g
うどん(乾麺、グルテンフリー) …………… 10g
※生麺の場合30g程度(小さく切る)
いりこ ………………………………… 5g
昆布だし汁(昆布10g、水1ℓの割合) ……… 200mℓ
減塩味噌 …………………………… 小さじ1
亜麻仁油 …………………………… 小さじ1
米油 ………………………………… 少々

※味噌の塩分が気になる場合は、犬にも与えられる「超低塩 発芽玄米味噌 こまくら」がおすすめ。

作り方

1 うどんを手で3～4等分に折り、表示時間より2～3分長めにゆでておく。

2 ごぼう、にんじんは皮ごとささがきに。しいたけは笠を薄切り、軸は細く縦に裂く。里いもは1cm角に切る。糸こんにゃくは、5mm幅程度に切る。豚もも肉薄切りは1cm幅、厚揚げは1cm幅の短冊切りにする。
※里いもにはシュウ酸が含まれるので、水によくさらす。

3 鍋に米油をひき、豚もも肉薄切りを炒めたあと、野菜としいたけを加えて炒め、全体に油が回ったら糸こんにゃくを入れて炒める。

4 ③に昆布だし汁を入れ、煮立ったらあくを取り、野菜に火が通るまで煮る。

5 厚揚げを加え、火が通ったら減塩味噌を溶かし入れる。

6 器にうどんと⑤を盛りつけ、手でちぎったいりこと亜麻仁油を回し入れて完成。

鮮やかな色で食欲アップ！
あと引くおいしさにワンコもやみつき

ごぼう入りマカロニごはん

材料 5kgのワンコ1日(2食)分

ごぼう …………………………… 30g
鶏むね肉(皮付き) ……………………… 60g
鶏レバー ………………………… 10g
ゆで卵 ……………………………1/2個
ブロッコリー(下ゆで済み) ……………… 30g
赤パプリカ ………………………… 20g
エリンギ …………………………… 30g
マカロニ(グルテンフリー) ……………… 20g
亜麻仁油 …………………………小さじ1
岩塩 ……………………………… 0.3g
乾燥バジル ……………………少々(約0.1g)

作り方

1. マカロニを表示時間より2～3分長めにゆでたら、お湯をきってボウルに移し、亜麻仁油を全体になじませておく。
2. ごぼうはささがき、ブロッコリー、赤パプリカ、エリンギは粗みじんに切る。
3. 鶏むね肉は皮をはぎ、肉の部分は1cm角に、皮と鶏レバーは粗みじん程度に細かく切る。
4. フライパンに鶏皮を入れて弱火で加熱、脂が出てきたら②を入れて炒め、火が通ったら鶏むね肉と鶏レバーを入れてさらに炒める。
5. 鶏肉に火が通ったら①のボウルに入れ、粗みじんに切ったゆで卵、岩塩、乾燥バジルと一緒に混ぜ合わせて完成。

おすすめ
食材
3

切り干し大根

不溶性食物繊維を豊富に含むため、整腸作用が期待できます。カルシウムも豊富に含むので、骨や歯の強化に役立つほか、鉄分も含有しているため貧血予防に効果的。切り干し大根のもどし汁には、水溶性の栄養素（ビタミンB群、ビタミンCなど）が溶け出しているため、もどし汁も使うと栄養価アップ！

主な栄養素

- 食物繊維（不溶性・水溶性）
- カルシウム
- カリウム

不溶性の食物繊維は便のカサを増やして、排便を促す働きがあるので便秘解消に。水溶性の食物繊維は栄養素の吸収速度を緩やかにすることで、血糖値の急上昇を抑えます。そのほか骨や歯を作ったり、脳の正常な働きを助けるカルシウム、水分の代謝に関わるカリウムも含有。

与える際の注意点

軽く洗い、ゆっくりと水でもどして、細かくカットをしましょう。もどし汁にも旨みが出ているので使ってOK。

P.52の食材で余ったら飼い主の一品に！

切り干し大根と桜えびのしりしり風

材料（2人分）

切り干し大根 ……30g
とき卵 ……… 1/2個分
桜えび ………… 3g
豆苗 …………10g
A
- 砂糖 ……小さじ1
- みりん ……小さじ1
- しょうゆ …小さじ1

米油 ………小さじ1

作り方

1. 切り干し大根はもみ洗いしたあと、水につけてもどし、食べやすい長さに切る。豆苗は3cm長さに切る。
2. フライパンに米油をひき、切り干し大根を炒める。
3. 豆苗、桜えびを加えてサッと炒め、Aを加える。とき卵を回し入れて炒め合わせる。

鶏団子が柔らかく、おいしい！
たんぱく質まで摂れる

切り干し大根入り つくねスープ

材料 5㎏のワンコ1日（2食）分

切り干し大根 ………………… 10g
鶏ひき肉 ………………… 100g
鶏レバー ………………… 10g
小松菜 ………………… 30g
えのきたけ ………………… 20g
春雨（乾）………………… 10g
亜麻仁油 ………………… 小さじ1
かつおだし汁（かつお節30g、水1ℓの割合）……150mℓ
水 ………… 50mℓ（切り干し大根もどし用）
水 ………………… 50mℓ（春雨もどし用）

①

④

作り方

1. 切り干し大根は軽く水洗いした後、分量の水50mℓに浸してもどす。もどし終わったら絞り汁と切り干し大根に分け、切り干し大根は粗みじんに切る。
2. 小松菜は1㎝幅、えのきたけは5㎜幅に切る。
3. 春雨は手で3㎝程度に折り、分量の水50mℓに浸しておく。
4. 鶏ひき肉と鶏レバーをフードプロセッサーで混ぜ合わせ、団子状に成形する。
5. 鍋にかつおのだし汁と①の絞り汁を入れて火にかけ、沸騰したら中火にして、①の切り干し大根と②を入れ、火が通ったら浸した水ごとの③と④を入れる。
6. 肉団子に火が通ったら器に盛りつけ、亜麻仁油を回し入れて完成。

切り干し大根の甘みが最高！
相性抜群！
ふんわりオムレツ

切り干し大根入り オムレツ

材料 5kgのワンコ1日(2食)分

切り干し大根 …… 10g
めかじき …… 50g
とき卵 …… 1と1/2個分
桜えび …… 2g
豆苗 …… 15g
えのきたけ …… 20g
じゃがいも(皮なし) …… 30g
米油 …… 小さじ1

作り方

1. 切り干し大根は水に浸しながら軽くもみ洗いし、水気をゆるくきってから粗みじんに切る。
2. 豆苗、えのきたけは5㎜幅、じゃがいもは5㎜角に切る。
3. めかじきは1㎝角に切る。
4. フライパンに米油をひき、①と②を炒める。
5. じゃがいもに火が通ったら③を入れて炒め、全体的に火が通ったら桜えびを入れて混ぜ合わせ、一度取り出す。
6. フライパンに米油少々(分量外)を入れて温め、とき卵を流し入れ、⑤を戻してフライ返しで折りたたんで形を整えて完成。

おすすめ
食材
4

れんこん

漢方薬にも使われるれんこんですが、不溶性食物繊維を豊富に含むため、大腸の掃除、デトックスが期待できます。ビタミンＣも豊富に含み、動物性たんぱく質と一緒に摂取することによってコラーゲン生成を促すため、皮膚ケアにもなります。また、でんぷんが多く含まれているため、“エネルギー源”として、ワンコの活動に使われます。

主な栄養素

食物繊維（主に不溶性）

ビタミンC

タンニン

不溶性食物繊維が多いため、腸の中で水分を吸って大きく膨らみ、便のカサを増して腸壁を刺激。さらに意外かもしれませんが、ビタミンCはレモンとほぼ同量含まれます。タンニンも含まれるため、抗酸化作用に長けた食材といえます。

与える際の注意点

皮は消化が悪いため、必ずむくようにしましょう。不溶性の食物繊維が水溶性の６～９倍含まれているため、食べすぎると便が増えすぎる可能性も。

P.58の食材で余ったら飼い主の一品に！

れんこんと鶏ひき肉のピリ辛炒飯

材料（１人分）

れんこん ・・・・・・・・・50ｇ
炊いたご飯・・・・・・・200ｇ
鶏ひき肉 ・・・・・・・・・50ｇ
きぬさや（さやいんげんでも可）
・・・・・・・・・・・・・・・10ｇ
とき卵 ・・・・・・・・ 1/2個分
豆板醤 ・・・・・・ 小さじ1/3
A しょうゆ ・・・・・・ 大さじ1/2
A 岩塩 ・・・・・・・・・ 少々
ごま油 ・・・・・・・・ 小さじ1

作り方

❶れんこんは皮をむき、１cm角に切って水にさらし、ざるに上げて、水気をよく拭く。きぬさやは５mm幅に切る。

❷フライパンにごま油小さじ1/2を温め、とき卵を入れて混ぜ、一度取り出す。

❸②のフライパンに残りのごま油を温め、鶏ひき肉、れんこんを加えて炒め、鶏ひき肉に火が通ったら豆板醤を加えてさらに炒める。炊いたご飯ときぬさや、とき卵を戻し入れて炒め合わせ、**A**を加えて混ぜ合わせる。

シャキシャキ食感と
ふわもち食感の両方を楽しめる！

れんこん入りお好み焼き

材料 5kgのワンコ1日(2食)分

れんこん(皮なし)	20g
豚もも肉薄切り	50g
卵	1個
キャベツ	30g
エリンギ	20g
山いも(皮なし)	25g
米粉	15g
青のり	0.3g
いりこ	5g
水	大さじ1〜2
米油	小さじ1

作り方

1. れんこん、キャベツ、エリンギはすべて粗みじんに切る。
2. 山いもはすりおろして、卵と米粉と分量の水と混ぜ合わせた後、①を入れてざっくり混ぜる。
3. 豚もも肉薄切りを1cm幅に切る。
4. フライパンに米油をひき、温まったら②を流し入れ、その上に③を並べて中火で焼く。
5. 焼き目がついたら裏返し、蓋をして弱火にして火が通るまで焼く。
6. ⑤が焼き上がったら器に盛り、細かくちぎったいりこと青のりをトッピングして完成。

食感豊かな一品に
ワンコも大満足！

れんこん入りあんかけハンバーグ

材料 5kgのワンコ1日(2食)分

れんこん(皮なし)	30g
鶏ひき肉	80g
鶏レバー	10g
とき卵	1/2個分
きぬさや(へたと筋を取り除いたもの)	10g
干ししいたけ	1枚(約5g)
炊いたご飯	30g
水溶き片栗粉	大さじ1 (片栗粉小さじ1＋水小さじ2)
オリーブオイル	小さじ1
岩塩	0.3g
水	100mℓ

3

5

作り方

1. 干ししいたけは軽く水洗いし、耐熱容器に笠を上向きに入れ、分量の水を加えてラップをかけ常温で10分おいた後、600Wの電子レンジで20秒程度温めて、取り出しておく。
2. れんこん、きぬさや、①の干ししいたけは粗みじんに切る。
3. 鶏ひき肉、鶏レバー、とき卵、炊いたご飯、岩塩をフードプロセッサーにかけて混ぜ合わせる。
4. ③に②を入れて混ぜ合わせる。
5. フライパンにオリーブオイルをひき、温まったら、④をスプーンで成形して、フライパンに落とし入れて両面焼く。
6. 焼いている間に、別鍋に①のもどし汁を入れて火にかけ、ふつふつとしてきたら水溶き片栗粉を回し入れてとろみをつける。
7. ⑤に火が通ったら器に盛り、⑥をかけて完成。

おすすめ
食材
5

オクラ

水溶性食物繊維のペクチン（ネバネバ成分）を豊富に含むため、腸内細菌のエサとなり、短鎖脂肪酸生成に関与しているといわれています。また、ペクチンは消化器の粘膜保護作用や腸の働きを活発にして排泄を促す作用もあるため、消化器全体のケアにも役立ちます。皮膚や粘膜を強化するβ-カロテンも多く含みます。

主な栄養素

食物繊維（不溶性・水溶性）

β-カロテン

カルシウム

不溶性と水溶性のバランスの取れた食物繊維で、整腸作用があり、便秘を予防・解消する効能があるとされています。水溶性食物繊維のペクチンにはコレステロールを抑制する作用もあります。そして、β-カロテンは、栄養素の働きを促進する効果や、皮膚を正常に保ったり、カルシウムと合わせて骨を丈夫にする効能があります。

与える際の注意点

生でも加熱でも大丈夫ですが、胃腸の弱い子には火を通して与えましょう。オクラのへたの部分は堅い場合があるので、切り取りましょう。

P.66の食材で余ったら飼い主の一品に！

豚しゃぶ～オクラのタルタルソース～

材料（2人分）

- オクラ…………3本
- 豚肩ロース肉薄切り……………150g
- うずらの卵(水煮)…4個
- A
  - マヨネーズ………大さじ2
  - オクラと豚肩ロース肉薄切りのゆで汁………大さじ1
  - 岩塩………少々
  - 黒こしょう……少々
- 酒…………大さじ1

作り方

1. オクラは塩(分量外)で板ずりし、沸騰したお湯に入れてゆで、取り出したら冷ましてみじん切りにする。
2. ①の鍋に酒を加えて火にかけ、豚肩ロース肉薄切りをゆで、ざるに上げる。ゆで汁は取っておく。
3. うずらの卵をつぶして①、Aと混ぜ合わせる。
4. 器に豚肩ロース肉を盛りつけ、③をかける。

栄養たっぷり！
具だくさんの煮込み料理

オクラとさばのトマト煮

材料 5kgのワンコ1日(2食)分

オクラ ································ 30g
さば水煮缶(食塩不使用のもの) ··············· 80g
トマト缶(カットトマト、食塩不使用のもの) ···· 70g
しめじ ································ 20g
さつまいも ···························· 30g
水 ··································· 100mℓ
オリーブオイル ······················ 小さじ1

作り方

1. さつまいもは5㎜角に切る。
   ※さつまいもにはシュウ酸が含まれるので、水によくさらす。
2. オクラは3㎜幅に、しめじは粗みじんに切る。
3. 鍋に分量の水と①と②のしめじを入れて、中火で煮る。
4. 火が通ったら②のオクラとさば水煮缶、トマト缶を入れる。さば水煮をほぐすように混ぜ合わせ、ひと煮立ちさせる。
5. 器に盛りつけ、オリーブオイルを回しかけて完成。

ピンクの鮭と緑色のオクラの
星形模様の彩りがきれい！

オクラと鮭のパスタ

材料 5kgのワンコ1日(2食)分

オクラ ･･････････････････････････････ 30g
鮭水煮缶(食塩不使用のもの) ･･････････････ 90g
かぶ(皮なし) ･･････････････････････････ 50g
かぶの葉 ････････････････････････････ 40g
まいたけ ････････････････････････････ 20g
パスタ(グルテンフリー) ････････････････ 25g
オリーブオイル････････････････････小さじ1
米油 ･････････････････････････････････ 少々

作り方

❶ パスタは手で3～4等分に折り、表示時間よりも2～3分、長めにゆでる。

❷ オクラは3㎜幅、かぶは5㎜角、かぶの葉は5㎜幅に、まいたけは粗みじんに切る。

❸ フライパンに米油をひき、②を炒める。

❹ 火が通ったら鮭水煮缶を入れて、ほぐすように混ぜ合わせる。

❺ ①を加えて、全体的に混ぜ合わせたら器に盛り、オリーブオイルを回しかけて完成。

2

4

野菜＆肉が
ボリューム満点！
食感も楽しい味わい

オクラの肉巻き

材料 5kgのワンコ1日(2食)分

オクラ ･････････････････････････ 4本(約40g)
豚肩ロース肉薄切り ･････････････････ 100g
うずらの卵(水煮) ･･･････････････････ 2個
にんじん ･･････････････････････････ 30g
えのきたけ ････････････････････････ 20g
かぼちゃ(皮なし) ･･･････････････････ 45g
米油 ････････････････････････････ 小さじ1/2
岩塩 ････････････････････････････ 0.3g
水 ･･････････････････････････････ 少々

作り方

① にんじん、かぼちゃは5㎜角の棒状に、オクラの長さに合わせて切り、600Wの電子レンジで1分30秒温め柔らかくしておく。

② えのきたけは4等分に分け、うずらの卵は縦4等分に切る。

③ 豚肩ロース肉薄切りに岩塩をふり、オクラと①と②のえのきたけを一緒に巻く。

④ フライパンに米油をひき、中火で③を焼き、豚肩ロース肉に火が通ったら弱火にし、分量の水を加えて蓋をし、蒸し焼きにする。

⑤ すべての具材に火が通ったら、器に盛りつけ、うずらの卵を添えて完成。

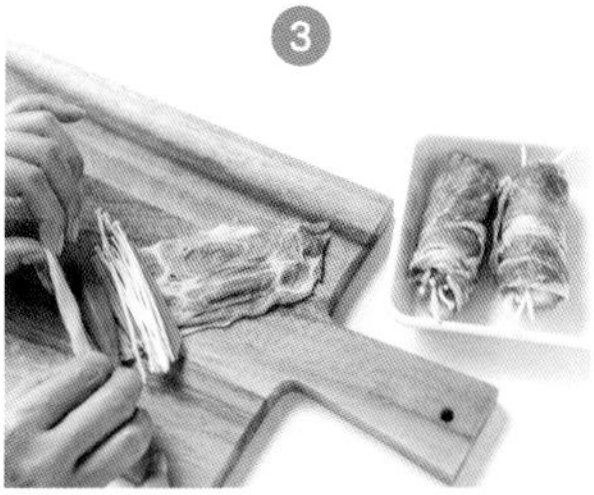

おすすめ
食材
6

オートミール

食物繊維と同様の機能を持つと注目をされるレジスタントスターチ（難消化性でんぷん）が豊富。また、水溶性・不溶性食物繊維をバランスよく含むほか、アミノ酸スコア（食品中に含まれる人間の必須アミノ酸9種のバランス）は100と高く、たんぱく質摂取にも役立ちます。低糖質なのでダイエットにも◎！

主な栄養素

- 食物繊維（不溶性・水溶性）
- ミネラル（鉄分、亜鉛、カルシウム）
- 植物性たんぱく質

カルシウムが豊富なため、骨の形成を促します。特にチワワなどの小型犬は体を支える足が細いため重要です。また、ダイエットの味方である植物性たんぱく質も豊富。ワンコは食物繊維の消化が苦手です。オートミールで消化不良にならないよう、しっかりふやかしてあげることも大切です。

与える際の注意点

ワンコに与える場合は、煮込んでしっかり柔らかくしましょう。

P.72の食材で余ったら飼い主の一品に！

鮭とオートミールのディップ＆オートミールクラッカー

鮭とオートミールのディップ

材料（2人分）

生鮭の切り身……………1切れ(約80ｇ)
酒……………………………小さじ1
A［オートミール……………40ｇ
　 豆乳…………………………100㎖
塩……………………………小さじ1/3
黒こしょう…………………少々

作り方

❶生鮭の皮に切り込みを入れて耐熱皿に入れ、酒をふりかけてふんわりとラップをし、600Wの電子レンジで1分30秒加熱する。そのまま粗熱を取り、皮と骨を取り除く。
❷Aを耐熱ボウルに入れて600Wの電子レンジで1分30秒加熱し、粗熱を取る。
❸①②、塩、黒こしょうをミキサーに入れて攪拌する。

オートミールクラッカー

材料（2人分）

オートミール…100ｇ
塩………小さじ1/2
ぬるま湯……60cc
オリーブオイル‥20ｇ

作り方

❶すべての材料をジッパー付き袋に入れてよくもみ込み、麺棒で伸ばして平らにする。ジッパー付き袋の両端をキッチンバサミで切って開く。
❷①の生地にクッキングシートを広げてのせ、その上にまな板を置いてひっくり返す。ジッパー付き袋を丁寧にはがし、生地を食べやすい大きさにカットする。
❸クッキングシートごと天板にのせて180℃に予熱したオーブンで15〜20分ほど焼く。

食物繊維たっぷりのオートミールを
だしの効いた和食風にアレンジ

オートミールの茶碗蒸し

材料 5kgのワンコ1日(2食)分

オートミール ……………… 大さじ3(約15g)

鶏もも肉 ………………… 55g ※やや皮付き

鶏ハツ ……………………………… 20g

卵 ……………………………………… 1個

さやいんげん ………………… 2本(約20g)

干ししいたけ ………………… 1枚(約5g)

にんじん ………………………………… 20g

昆布だし汁(昆布10g、水1ℓの割合) ……… 50mℓ

水 ……………………………………… 100mℓ

※干ししいたけをもどすための水/ここから50mℓのもどし汁を使う。

亜麻仁油 ………………………………… 少々

作り方

1. 干ししいたけを軽く水洗いし、耐熱容器に笠を上向きに入れ、分量の水を加えてラップをかけ常温で10分おいた後、600Wの電子レンジで20秒ほど温めて取り出しておく。

2. さやいんげんは5㎜幅の輪切りに、にんじんは5㎜角に、①の干ししいたけは粗みじんに切る。鶏もも肉は1㎝角に、鶏ハツは粗みじんに切る。

3. 卵と昆布だし汁、①のもどし汁50mℓを混ぜ合わせ卵液を作る。

4. 耐熱容器に②とオートミールを入れて軽く混ぜ合わせた後、③を流し入れる。

5. 軽くラップをかけて、600Wの電子レンジで3分程加熱する。具材に火が通って、卵液も固まったら、亜麻仁油をかけて完成。

1

3

食べ応えあるリゾットは
ダイエットさせたい
“ポチャ”ワンコに！

豆乳リゾット

材料 5kgのワンコ1日(2食)分

オートミール…………………………20g
生鮭の切り身…………………………70g
白子……………………………………10g
油揚げ(油抜き済みのもの)…………10g
オクラ…………………………1本(約13g)
赤パプリカ……………………………20g
えのきたけ……………………………20g
豆乳……………………………………80mℓ
水……………150mℓ　※50mℓと100mℓに分ける
オリーブオイル………………………小さじ1/2

4

6

作り方

1. オートミールに分量の水50mℓを入れて浸しておく。
2. オクラは3㎜幅程度の輪切りに、赤パプリカは5㎜角、えのきたけは3㎜幅の粗みじんに切る。
3. 生鮭の切り身は3㎝幅に切る。油揚げは5㎜角に切る。
4. 白子と豆乳をフードプロセッサーで混ぜ合わせてクリームを作る。
5. 鍋に分量の水100mℓと②を入れて弱火で煮る。野菜に火が通ったら、浸した水ごとの①と③を入れる。
6. 生鮭に火が通ったら④を混ぜ合わせる。
7. ひと煮立ちさせたら、器に盛りつけ、オリーブオイルをかけて完成。
※与える際には生鮭の骨に注意を!!

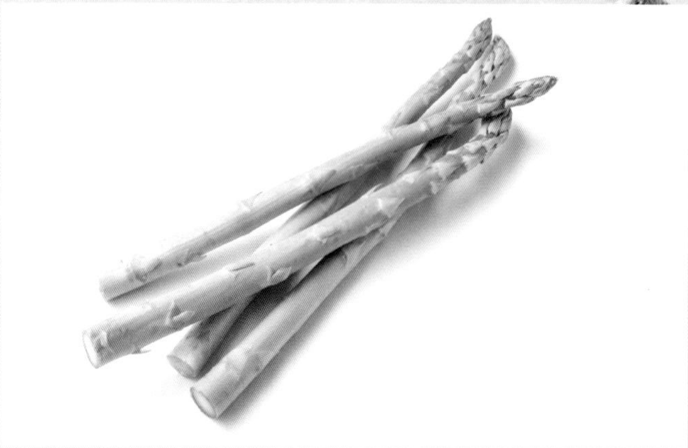

おすすめ
食材
7

アスパラガス

よい菌を増やすケストース（フラクトオリゴ糖の一種）を含む食材です。腸の善玉菌のエサとなるほか、不溶性食物繊維も豊富に含むため、大腸の掃除、デトックスにも役立ちます。また、アスパラガスに含まれるアミノ酸の一種である、アスパラギン酸は老廃物を処理、排泄する働きもあるため、食物繊維と合わせてデトックスに役立ちます。

主な栄養素

食物繊維
（主に不溶性）

ケストース

アスパラギン酸

ケストースは、乳酸菌、ビフィズス菌、酪酸菌などの善玉菌のエサになるほか、これらの善玉菌が作り出す成分が悪玉菌の働きを抑えるため、腸内細菌叢《そう》のバランスを整えてくれます。アスパラギン酸は新陳代謝を促し免疫力UPや疲労回復効果が期待され、アンモニアの解毒作用があります。

与える際の注意点

生ではなくゆでてから与えるようにしましょう。

P.76の食材で余ったら飼い主の一品に！

アスパラガスのソテー ～エリンギソースがけ～

材料（2人分）

アスパラガス …………4本
エリンギ …50g
岩塩 ………少々
A 粉チーズ …大さじ1
A 乾燥パセリ ……少々
オリーブオイル …………適量

作り方

❶アスパラガスは根元から1㎝ほど切り落とし、下の堅い皮をピーラーでむく。エリンギは1㎝角に切る。
❷フライパンにオリーブオイルを温めアスパラガスを並べて両面焼き目がつくまで焼き、器に取り出して岩塩をふる。
❸②のフライパンで①のエリンギを炒め、ボウルに取り出し、Aを混ぜ合わせる。
❹アスパラガスに③をかけ、仕上げにオリーブオイルを回しかける。

鶏肉の旨みと
アスパラガスの
ほのかな甘みが格別！

アスパラガスのトマトスープ

材料 5kgのワンコ1日(2食)分

アスパラガス……40g
鶏もも肉(皮付き)……100g
鶏レバー……10g
トマト缶(カットトマト、食塩不使用のもの)……50g
エリンギ……30g
じゃがいも(皮なし)……50g
粉チーズ……少々
乾燥パセリ……少々
水……100mℓ
MCTオイル……小さじ1

作り方

1. アスパラガスは根元の堅い皮をむいてから3㎜幅の斜め切り、エリンギは粗みじん、じゃがいもは5㎜角に切る。
2. 鶏もも肉は皮をはぎ、肉は1㎝角、皮と鶏レバーは粗みじんに切る。
3. 鍋に分量の水と①を入れ中火で煮る。火が通ったら②を入れ中火でさらに煮る。
4. 全体に火が通ったらトマト缶を入れてひと煮立ちさせる。
5. 器に盛り、粉チーズ、乾燥パセリ、MCTオイルをかけて完成。

魚や野菜など
素材のおいしさを
ストレートに
味わう！

せいろ蒸しの塩こうじたれ

材料 5kgのワンコ1日(2食)分

アスパラガス……………………………30g
ぶり……………………………………80g
かき(可食部)…………………………20g
赤パプリカ……………………………30g
しめじ…………………………………30g
かぼちゃ………………………………50g
亜麻仁油……………………………小さじ1
塩麹…………………………………小さじ1

1

3

作り方

1. アスパラガスは根元の堅い皮をむいてから2等分した後に縦に太さによって2等分or4等分に、赤パプリカは細切りに、しめじは縦に2等分、かぼちゃは3㎜幅に切る。
※消化が苦手なワンコは、かぼちゃの皮を取り除く。
2. ぶりは1㎝幅のそぎ切りにする。かきは水でよく洗っておく。
3. せいろを一度水にぬらした後、キッチンペーパーを敷いた上にすべての具材を詰める。
4. 鍋にたっぷりの湯を沸かし、沸いたらせいろを置いて強火で10分ほど蒸す。
5. すべての具材に火が通ったら食べやすく切って器に盛りつけ、亜麻仁油と塩麹をかけて完成。

おすすめ
食材
8

グリーンバナナ

黄色く熟す前のバナナをグリーンバナナといいます。第3の食物繊維といわれることもあるレジスタントスターチを多く含むことで話題に！　大腸に届いたレジスタントスターチは短鎖脂肪酸の原材料となり、腸内環境を酸性に傾け、善玉菌が働きやすい環境を作ってくれるほか、血糖値上昇抑制効果、炎症性腸疾患の予防効果などが報告されています。

主な栄養素

レジスタントスターチ

トリプトファン

グリーンバナナに含まれる「RS2」のレジスタントスターチの高アミロースでんぷんには、腸内環境改善のほか、食後の血糖値の上昇を緩やかにする、血中のコレステロール値を低下させるといった作用も！　またトリプトファンを多く含むため幸せホルモンの原料供給にも役立ちます。

与える際の注意点

生では食べられません。バナナの両端をカットし、水にさらしてラップで包みます。電子レンジ2〜3分加熱を。皮に裂け目ができていれば食べ頃です。

P.84の食材で余ったら飼い主の一品に！

鶏ひき肉入りマッシュグリーンバナナ

材料（2人分）

グリーンバナナ ･･･ 1本（正味約100ｇ）
鶏ひき肉 ･･････････････････ 20ｇ
A［マヨネーズ ･･････････ 大さじ2
　 乾燥パセリ ･･････････････ 少々
米油 ･････････････････････ 少々

作り方

1. グリーンバナナは両端をカットし、水にさらしてラップで包み、600Wの電子レンジで2〜3分加熱する。皮をむき、ボウルに入れてつぶす。
2. フライパンに米油を温め、鶏ひき肉を炒めて、①に加える。
3. 粗熱が取れたらAを加えて混ぜ合わせる。

味噌によって
グリーンバナナの
こくが強まり、
濃厚な味わいに！

グリーンバナナの肉味噌かけ

材料 5kgのワンコ1日(2食)分

グリーンバナナ(可食部) ………………… 60g
牛もも肉薄切り ………… 90g ※やや脂身付き
牛レバー ………………………………… 10g
大根 ……………………………………… 20g
大根の葉 ………………………………… 50g
黄パプリカ ……………………………… 40g
えのきたけ ……………………………… 30g
減塩味噌 ……………………………… 小さじ1
水 ………………………………………… 50mℓ
米油 …………………………………… 小さじ1

作り方

1. 大根と黄パプリカを5㎜角に、大根の葉は5㎜幅、えのきたけは3㎜幅に切る。
2. 牛もも肉薄切りと牛レバーをフードプロセッサーにかけてミンチにする。
3. グリーンバナナは皮をむき、身を斜め薄切りにする。フライパンに米油をひき、カットした身を焼き、火が通ったら、器に移す。
4. 同じフライパンに②を入れて炒め、ある程度火が通ったら、①を加えて弱火で炒める。
5. 火が通ったら、分量の水と減塩味噌を混ぜ合わせたものを回し入れて、ひと煮立ちさせる。
6. 全体的に火が通ったら、③に添えて完成。

グリーンバナナの深いこくが
プラスされて絶品な味わいに

グリーンバナナのキーマカレー風

材料 5kgのワンコ1日(2食)分

グリーンバナナ……………………………60g
鶏ひき肉……………………………………70g
鶏レバー……………………………………10g
鶏砂肝………………………………………30g
にんじん……………………………………30g
ピーマン……………………………………50g
きゅうり……………………………………10g
じゃがいも(皮をむいてすりおろしたもの)……30g
マッシュルーム……………………………30g
ターメリック………………………小さじ1/2
オリーブオイル……………………小さじ1

3

4

作り方

1. にんじん、ピーマン、マッシュルームは粗みじんに、グリーンバナナは皮をむいて5㎜角に切る。きゅうりは斜め薄切りにしておく。
2. 鶏レバー、鶏砂肝は粗みじんに切る。
3. フライパンにオリーブオイルをひき、にんじん、マッシュルーム、グリーンバナナを中火で炒める。火が通ったらピーマンを加えて炒める。
4. 鶏ひき肉、②を加えて炒め、9割くらい火が通ったら、じゃがいもを加えて弱火で炒める。
5. すべての具材に火が通ったら、ターメリックを加えてよく混ぜる。器に盛り、きゅうりを飾ったら完成。

おすすめ
食材
9

とろろ昆布（削り昆布）

ヌメヌメ成分のアルギン酸とフコイダンという水溶性食物繊維を豊富に含有しています。また、腸のエネルギー源となるグルタミンの前駆体でもあるグルタミン酸も豊富に含みます。迷走神経（頸部から胸部、腹部の内臓に分布する混合性神経で，副交感神経のひとつ）の刺激によって胃液分泌量アップとなるため、消化の負担軽減にも役立ちます。

主な栄養素

食物繊維（アルギン酸・フコイダン）

マグネシウム

カリウム

アルギン酸は便秘の解消だけでなく、コレステロールや血糖値の上昇を抑制することで注目されています。また、フコイダンは免疫を向上させてくれ、アレルギーやさまざまな病気の予防をしてくれます。また、とろろ昆布はミネラルの宝庫。腸の蠕動運動を促してくれるといわれるマグネシウムや、いらないものを捨ててくれるカリウムも含まれます。

与える際の注意点

昆布はワンコにとって消化しづらい食材のひとつ。見た目は柔らかく見えますが、しっかりカットして少量を与えましょう。また商品によって、はちみつなどが使われている場合もあるので、必ず無添加のものにしてください。

※甲状腺ホルモンの分泌が少なく投薬中の場合は、念のため、避けたほうがいいでしょう。

P.88の食材で余ったら飼い主の一品に！

白菜のとろろ昆布チーズ

材料（2人分）

白菜……………200g
とろろ昆布…………2g
粉チーズ………小さじ1
塩………………少々

作り方

❶白菜は縦半分に切ってから1cm幅に切り、塩をふって10分おき、水気をよく絞る。
❷粉チーズと手で細かくほぐしたとろろ昆布を①に加えて混ぜ合わせる。

とろろ昆布の
旨みの効いた
具だくさんうどん

とろろ昆布うどん

材料  5kgのワンコ1日(2食)分

とろろ昆布 ･････････････････････････････････ 2g
豚もも肉薄切り ･･････････････ 90g　※やや脂身付き
白菜 ･･････････････････････････････････ 50g
にんじん ･･････････････････････････････ 30g
しめじ ････････････････････････････････ 30g
うどん(乾麺、グルテンフリー) ･･････････････ 30g
※生麺の場合70g程度(小さく切る)
水 ････････････････････････････････ 200mℓ
MCTオイル ･･････････････････････ 小さじ1/2

作り方

1. うどんを手で3～4等分に折り、表示時間より長めにゆでる。
2. 白菜、にんじん、しめじは粗みじんに切る。豚もも肉薄切りは1cm幅に切る。
3. 鍋に分量の水を入れ野菜としめじを中火で煮る。火が通ったら豚もも肉薄切りを加える。
4. 豚もも肉薄切りに火が通ったら①を加えてひと煮立ちさせ、火を止めて器に盛り、とろろ昆布とMCTオイルをかけて完成。

おすすめ
食材
10

白きくらげ（乾燥）

楊貴妃も美容のために好んで食べていたといわれる食材で、水溶性食物繊維の宝庫として有名。満腹感をもたらすので、ダイエット効果が期待できます。薬膳的には肺をうるおす食物といわれますが、東洋医学では肺と大腸は表裏一体ともいわれているため、肺のケアをすることは大腸をケアすることにもつながります。

主な栄養素

食物繊維
（主に水溶性）

ビタミンD

白きくらげに多く含まれる水溶性食物繊維には、コレステロールの吸収を抑制し、体外に排泄する働きがあります。また、ワンコにとって欠かせない栄養素ビタミンDも豊富。カルシウムやリンの吸収にかかわり、歯や骨の健康維持や免疫力向上に役立ちます。

与える際の注意点

白きくらげは汚れを取りながら、水につけます（つける時間は大きいもので4～5時間、小さいもので1時間）。さらに軸部分を取り除き、小さくちぎって与えましょう！　とろとろ柔らかくなるまで煮るのがポイント。

P.92の食材で余ったら飼い主の一品に

白きくらげとささ身の生姜スープ

材料（2人分）

白きくらげ（乾燥）・・・・・・・・・10g
鶏ささ身・・・・1本
にんじん（皮なし）・・・・・・・・・20g
しょうが（皮なし）・・・・・・・・・10g
青梗菜・・・・・30g
塩麹・・・・・・・・10g
岩塩・・・・・小さじ1
こしょう・・・・少々
水・・・・・・・・400ml
ごま油・・・小さじ1

作り方

1. 白きくらげはたっぷりの水につけてもどし、堅い軸の部分を取り除き、食べやすい大きさにちぎる。
2. 鶏ささ身は塩麹をもみ込み10分おく。
3. にんじんは短冊切り、しょうがはせん切り、青梗菜は3cm長さに切る。
4. 鍋にごま油を温め③を入れて炒め、分量の水、①、②を加え、蓋をして弱火で鶏ささ身に火が通るまで煮る。鶏ささ身を取り出し、食べやすい大きさに裂いて戻す。
5. 岩塩、こしょうで味をととのえる。

あさりの風味が効いた
体が温まる雑炊

白きくらげの雑炊

材料 5kgのワンコ1日(2食)分

白きくらげ(乾燥) ･･････････････････････････････ 3g
鶏ささ身 ･･････････････････････････････････70g
あさり(可食部、砂抜き済みのもの) ････ 20g(殻付きで50g)
青梗菜 ････････････････････････････････････50g
にんじん ･･････････････････････････････････30g
炊いたご飯 ･･････････････････････････････････40g
くるみ(炒り、塩分不使用のもの) ･････････ 2個(約8g)
しょうが ･･････････････････････････････････ 少々
ごま油 ･･････････････････････････････････ 小さじ1
水 ･･ 200㎖

1

5
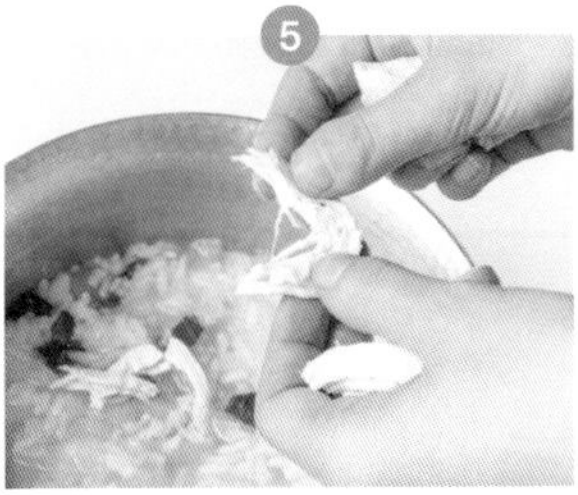

作り方

1. 白きくらげは軽く水洗いした後、たっぷりの水でもどしておく。
2. 鍋に分量の水とあさりを入れ火にかけて、だし汁をとった後、あさりの殻と身に分け、身は細かく刻んでおく。
3. 青梗菜は5㎜幅に切り、にんじん、しょうがはすりおろす。
4. ②のあさりだし汁が入った鍋に小さくちぎった①と青梗菜と炊いたご飯を入れ弱火で煮て、青梗菜が柔らかくなったら鶏ささ身を加える。
5. 鶏ささ身に火が通ったら一度取り出し、細かく裂いて再度、鍋に戻す。
6. にんじんとあさりの身を鍋に加えて、ひと煮立ちさせる。
※消化が苦手なワンコはあさりの身は入れなくてもよい。
7. 全体に火が通ったらしょうがを加えて混ぜ合わせて器に盛り、細かくしたくるみとごま油をかけて完成。

今日は腸活ごはんが作れない　手軽に腸活を取り入れたい

そんなときは？

フレッシュフードやサプリメントを利用しましょう

効果を実感していただくためにも、２週間は続けてほしい腸活ごはん。
腸活ライフを手軽に取り入れたい方には、ぜひおすすめしたいお役立ちアイテムをご紹介！

自宅で解凍するだけ 無添加のフレッシュフード

“手作りごはんはハードルが高い……”そんな悩める飼い主さんの救世主として、獣医師のわたしが監修したフレッシュフードです。薬膳の考えに基づいた食材選びが特徴で、キャベツや真昆布といった腸活にベストな食材も網羅。このまま手作り腸活ごはんの代替品として、またドライフードのトッピングとしてもお使いいただけます。安心安全にもこだわり、無添加かつ国産食材使用というのも自信をもっておすすめできるポイント。冷凍で届くので、必要なときに必要な分だけ使えて便利です。

獣医師 林美彩の長生き犬ごはん お肉ごはん（鶏）、お魚ごはん（鮭）各100g（お問い合わせ先：フェアネス・アンド・カンパニー）

ご注文はコチラ！

いつものごはんにオン！ 大豆由来の乳酸菌サプリ

サプリメントなら、16種類の乳酸菌発酵エキスをすすめています。使い方は、いつものペットフードにトッピングするだけ。通常、別の菌を体内に入れるとなると、もともと持っている菌との相性も問題に。ですが、こちらの商品はそんな心配も不要。生きた乳酸菌ではなく、発酵エキスが腸内環境をサポートしてくれる処方で、体内の善玉菌を育ててくれるんです。また、熱に強く食べ物を腐りにくくする効果も。手作りごはんとの併用にも向いています。腸内環境を整えると、涙やけなどの症状も落ち着きますよ。

液体なので飲料にも！

右／コスモスラクトFC 100㎖ 2970円 カウンセリング販売品※、左／コスモスラクト100㎖ 3300円（お問い合わせ先：エクセル 03-5292-2981） ※ネット販売不可。トリミングサロンなど実店舗のみの販売品です。

第3章

安心&手軽に！
長生き腸活おやつ

いきなり手作りごはんはハードルが高い……
そんな方には、手軽に始められる“おやつ”が最適です。
食物繊維を豊富に含む食材を使用した簡単でヘルシーな
おやつは、ご家族の食後のデザートにも◎。

腸活のスタートは？

“まずは”おやつでもOK！

いざ、腸活といっても、いつものフードをガラッと替えるのは、ワンコにとってストレスになる可能性も……。
そんなときは、腸活おやつから始めては？

ワンコに腸活おやつを与えるときは、水分も意識して一緒に摂れるようにしましょう！　食物繊維は水分を吸って膨らむ性質があり、食べすぎ防止にもつながります。また、水分が多いほうが便の通りも良くなるので腸内をきれいに保てます。夜のごはんまでの時間が空いて、食物繊維を摂ると、満足感が得られ、その後のごはんの食べすぎも予防できます。

また、オリゴ糖は甘みがありますが、低消化性・低エネルギーなのでダイエットワンコにもおすすめ。大腸に届いたオリゴ糖は、ビフィズス菌や乳酸菌など善玉菌のエサとなり、ワンコの腸内で善玉菌を増やす働きが期待できます。

ちょっと甘さを足したいときはヨーグルトやフルーツにかけることもおすすめです。

1 気軽に試せる！がうれしい 食物繊維系おやつを作ろう

腸内環境を考えるなら、食物繊維の多い寒天、野菜（さつまいも）、フルーツ（パイナップル、キウイ）などを使ったおやつが最適。水溶性食物繊維を豊富に含む、こんにゃく粉のおやつもいいでしょう。最近では、腸活ごはんの章でも紹介したグリーンバナナも注目されています。

グリーンバナナは、日本ではまだあまり調理に使うことが少ない食材。しかし、エクアドルなどでは、主食や揚げ物料理などとして日常に使われています。加熱すると、意外にもほくほくっとしたじゃがいもや栗のようなに食感になるのが特徴。味わいにくせが少ないため、ジャンルレスでいろいろなおやつに活用できます。

2 飼い主と一緒に！ 発酵あんこ

小豆に含まれるポリフェノールは抗酸化作用や肝臓保護作用を持つため、アンチエイジング・デトックスに役立つほか、骨のバランスを保つ効果もあります。食物繊維も豊富なので排便促進、麹の働きで腸内細菌活性化、2021年の中国での研究では、小豆による体脂肪の蓄積抑制、悪玉コレステロール減少効果が認められていることから、ダイエットにも役立ちます。是非、飼い主とワンコのおやつにいかがでしょう？
※5㎏のワンコで1日の適量は小さじ1程度。2～5回に分けてこまめに与えて。

3 ココナッツオイルやMCTオイルなどを利用

パンやケーキを焼くときなどには、バターや油の代わりにココナッツオイルが使えます。ただし、MCTオイルは加熱できません。フルーツや甘いものとの相性もバッチリなので、冷たいおやつにひとかけするのがおすすめ！　抗菌作用があり、腸内の悪玉菌を減らす効果も。体に蓄積されずに効率よくエネルギー代謝されるので、ダイエットにおすすめなだけでなく、体内で「ケトン体」（長生き遺伝子といわれるサーチュイン遺伝子を活性化する働きも持つため、抗酸化作用、アンチエイジングにも役立つ）を作り出すため、脳のエネルギーとしても使いやすい脂質。

夏におすすめ

グリーンバナナのスムージー（常温）

材料 5kgのワンコ2食分

グリーンバナナ……………20g
パイナップル………………20g
キャベツ……………………20g
水……………………………100mℓ

作り方

1. グリーンバナナは両端を切り落とし、水にくぐらせた後、皮ごとラップで包んで、600Wの電子レンジで2～3分ほど加熱してから、皮をむいて適当なサイズに切って冷ます。
2. パイナップルも皮をむき、適当なサイズに切る。キャベツは適当なサイズにちぎる。
3. ①に②と分量の水を入れミキサーで撹拌し、混ぜ合わせたら器に盛りつけて完成。

暑い季節に
体を冷ます

キウイの豆乳ヨーグルトムース

材料 5㎏のワンコ3～4食分

キウイ（ゴールド・グリーン、皮なし）……………………各1/4個

豆乳ヨーグルト…………110g

粉寒天…………………… 2g

水……………………100㎖

作り方

1. キウイを5㎜角に刻み豆乳ヨーグルトと混ぜておく。
2. 粉寒天を分量の水に溶かして、火にかけ、沸騰したら火を弱めてさらに2分煮て、火を消し①に混ぜ合わせる。
3. 容器に入れて冷やし固め、お好みのサイズに切って、器に盛りつけて完成。

夏にいいね！

ワンコも飼い主も
おいしい！

発酵あんこ

材料 5kgのワンコ5～10食分

小豆 ……………………100g

米麹(乾燥) ………………100g

水 ……………………400mℓ

作り方

1. 小豆を軽く洗ったあと、炊飯器に分量の水300mℓと一緒に入れて2回炊飯する。
2. 小豆の粒が簡単につぶれる堅さになっていることを確認したら、一度、炊飯器から取り出し、分量の残りの水100mℓを加えて混ぜ合わせる。
3. ②の温度が50～60℃くらいまで落ち着いたら、米麹を入れて混ぜ合わせる。
4. 再度、炊飯器に入れてぬれ布巾をかぶせる。蓋はしないで保温ボタンを押し、50～60℃を保つようにする。
5. 途中、何回か混ぜて、8時間ほど保温したら完成。

食感も楽しんで

さつまいもと オートミールの クッキー

材料 **5kgのワンコ3〜5食分**

さつまいも ……………… 50g
オートミール …………… 40g
オリゴ糖シロップ ……… 5g
ココナッツオイル … 大さじ1
豆乳 ……………… 大さじ1

作り方

1. さつまいもは皮をむいて適当な大きさに切り、鍋でゆでる。
※さつまいもにはシュウ酸が含まれるので、水によくさらす。

2. さつまいもをボウルに移してつぶし、オートミール、オリゴ糖、ココナッツオイル、豆乳を入れて混ぜ合わせる。

3. 好きな形に成形し、180℃に予熱したオーブンで10〜15分ほど焼き、粗熱を取って完成。

"映え"が
叶う

こんにゃく粉と米粉のカヌレ

材料 5kgのワンコ4～8食分

こんにゃく粉……小さじ1
米粉……80g
卵……1個
オリゴ糖シロップ…大さじ2
豆乳……150mℓ
ココナッツオイル…大さじ1
オリーブオイル……適量
お好みフルーツ……適量
豆乳ヨーグルト……適量

作り方

1. 米粉とこんにゃく粉をふるいにかけて混ぜ合わせる。
2. 豆乳、ココナッツオイルを鍋に入れて火にかけ、温めておく。(沸騰させないように)
3. ①と②とといた卵とオリゴ糖シロップを混ぜ合わせる。
4. カヌレの型にオリーブオイルを塗り、③を流し入れ、170℃に予熱したオーブンで約10～15分焼く。楊枝を刺して、生地がくっついてこなければ完成。
※フライパンでパンケーキ風に焼いてもOK！
5. 好みでフルーツや豆乳ヨーグルトを飾る。

第4章

獣医師が教える 腸活の心得＆簡単マッサージ

生活のルーティンにしてほしいのが腸活マッサージ。
ツボを押さえて刺激するだけで、全身の巡りがよくなり
消化の促進や免疫力のアップが期待できます。
また、腸活の心構えや最新知見もぜひご覧ください。

腸活を意識するタイミング❶

幼少のときから腸活が必要なワケ

腸は免疫の大半を司っているだけでなく、第２の脳とも呼ばれる重要な臓器です。

前のページにも書かれているように、腸内環境は日々の食事、生活環境で大きく変わります。若い頃は、それでも自分で立て直す力がありますが、少しでも早い時期から腸活中心の生活を飼い主が意識をしておくことは、ワンコの健康長寿につながると考えています。

また、腸内細菌叢《そう》の変化は、自己免疫性疾患や皮膚疾患の引き金になりうることや、アトピー性皮膚炎のワンコは腸内細菌の数が少ないことなどもわかってきました。また、肥満のワンコは腸内細菌バランスが悪く、食事改善から菌の比率が改善すると肥満が解消することも明らかになってきています。
以上を考えると、やはり腸活は早いほうがいいですよね？

腸活を意識するタイミング❷

いつからでも遅くない？

ワンコも、免疫細胞の７割が腸にある、ということがわかった今、左ページと少し矛盾したように聞こえますが、腸活はいつから始めても遅すぎることはありません。

腸は再生できる臓器なので、いつからでも腸を健康にできますし、自律神経も整えられるのです。とはいえ、ワンコも年を重ねると、今までの生活と少しでも変わると不審に思うもの。

注意すべきは、アグレッシブに今の生活を変えないことです。腸活のハードルを下げましょう。何かひとつでもいいので、継続できることを探し、それが日常になじんで来たら、また別のアプローチを始めればいいのです。

あくまでも、「はじめの一歩」をまずは決めましょう。

おやつを腸活おやつに変えるなどは始めやすいかもしれません。それぞれのワンコの腸内に棲む細菌の種類は遺伝ではなく、何歳からでも変えることができるのです。

ワンコの腸は変わる？

腸活を継続すること！

ワンコの腸の環境が変化するには２〜３週間程度かかるといわれているので、最低でもまず２週間は続けることをおすすめしています。

わたしがおすすめする期間は３カ月。もし、３カ月経っていい調子に変わった兆候が見られたら、続けてください。ワンコの体は以下の３つの効果が期待されます。

３つの効果

- **腸の環境改善。**
- **自律神経の調和が取れる。**
- **ストレス低減や気分改善。**

自律神経は、交感神経と副交感神経の２つに大別され、これらがバランス良く働くことで調和が保たれます。

自律神経の乱れた影響

- **感染症やアレルギー症状などで体調を壊しやすい。**
- **胃腸の動きが悪くなり、下痢や便秘になる。**
- **血圧が不安定になる。**
- **呼吸に支障が生じる。**

「病は気から」とよくいいますが、メンタルが改善するということは、腸を含め全身が健康に向かっている証拠になるでしょう。

もし、調子が戻らない場合は獣医師に診てもらいましょう。

また飼い主さんによく聞かれるのは、「ドッグフードでは腸活できないの？」と、いうこと。YES か NO かで答えるとするならば、残念ながら「NO」になります。

もちろん、ドッグフードすべてというわけではありませんが、市販フードは加工の段階で栄養素が破壊されていたり、添加物を多く含んでいる、消化率が低いものなどもあります。また、酸化脂質による肝臓への負担や、血管への沈着による血流の滞りなどの弊害も考えられます。

ドッグフードを使用しながら腸活をしたい場合には、フードの種類にも気をつけつつ（低温低圧製法、原材料の質、脂質の量など）できれば、手作り食をトッピングしたり、何かしらのサプリメント類を追加するといいでしょう。

また、ドッグフードを１日置きに与えるというのもおすすめできません。

それでは一から「腸活リセット」になってしまいますので、多めに作って、冷凍しておくなど工夫しながら行いましょう。

アニコムの調査によりわかってきたもの

ワンコの健康と腸の最新知見

アニコム ホールディングスでは、2016 年からペットの腸内フローラに関する調査・研究を開始しており、この調査を通じて、この度「犬の腸内環境の多様性※1が高いほど健康度※2が高い」ということが明らかになったそうです。また、腸内環境の多様性は先天的な要素のみに依存するわけではなく、後天的な要素によっても変化するという結果も得られたようです。

腸内環境の多様性×健康度

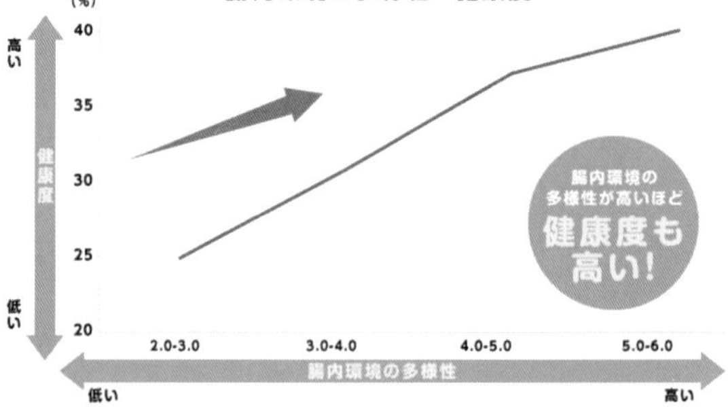

（N ＝ 76,540 ／対象期間：2019 年 7 月～ 2022 年 4 月）

犬種や年齢に限らず、「どんな犬種・年齢においても、腸内環境と健康には相関関係があるのではないか」ということが考えられます。

また、今後さらなる調査・研究を進める必要はありますが、「腸内にいろいろな種類の菌をバランス良く生息させることが、犬の健康につながる」ということも、将来的にいえるかもしれません。

後天的な要素でも腸内環境の多様性は変化？

同じく犬において、０歳・１歳・２歳のそれぞれの時点における腸内環境を調査しました。調査では０歳時の犬を腸内環境の多様性により４つのグループに分け、それぞれのグループの加齢による腸内環境の変化を追いました。

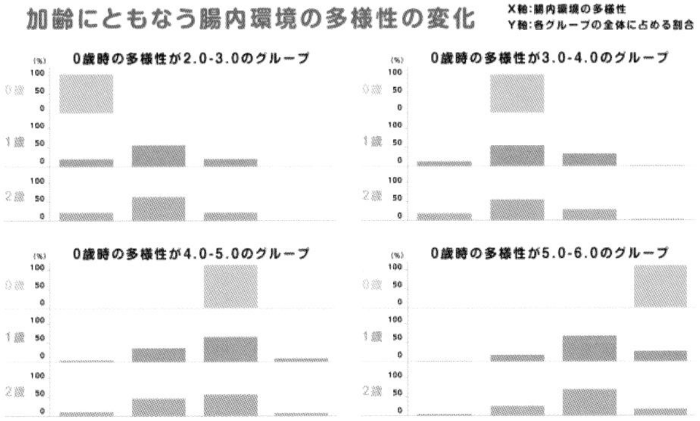

2.0-3.0のグループ：N=252、3.0-4.0のグループ：N＝2,204、4.0-5.0のグループ：N＝1,420、5.0-6.0のグループ：N＝433。いずれも０歳から３回測定した犬、全品種／対象期間：2018年12月～2022年３月）

その結果、すべてのグループで、加齢とともに多様性のばらつきが大きくなることがわかりました。０歳時に「最も低い」グループと判定されても、１・２歳の時には「高い」「最も高い」グループと同じ水準まで腸内環境の多様性が高まる場合や、その逆の場合も。つまり、健康度は先天的な要素（犬種など遺伝的に決まっているもの）のみで決まっているわけではなく、後天的な要素（フードや環境、生活習慣など）によっても変化するものであり、腸内環境を改善することでペットの健康度を高められる可能性があることを示しています。

つまり、腸内にいろいろな種類の菌がバランス良く生きられる環境を作ってあげることが、ペットの健康につながる可能性があるといえます。ただし、ペットの環境はペット自身が変えることはできません。飼い主が、普段から自身の健康と向き合っているように、ペットの健康とも向き合うことが重要です。

注釈：

※１　腸内環境の多様性：「Shannon Index」という指標を用いて表現した腸内細菌の多様性をいいます。

※２　健康度：対象となる保険契約のうち保険金請求のなかった契約の割合を「健康度」と表しています。個々のどうぶつと疾病との関係を示すものではありません。（集計対象契約：対象期間中にペット保険の付帯サービスである『どうぶつ健活（腸内フローラ測定）：https://www.anicom-sompo.co.jp/special/doubutsu_kenkatsu/』を実施した０～３歳のどうぶつを対象とし、特定の傷病（骨折、誤飲）による保険金請求があったどうぶつは除外しています）

出典：アニコム ホールディングス　2022年８月１日リリース
『犬の腸内環境が多様なほど、健康度が高いことが明らかに！』

腸活におすすめのツボ刺激❶

ワンコの日々のケアに 腸活3ツボ刺激

ワンコが喜ぶポイントを知って、ツボ押しを定期的に生活の中に組み込むことで、腸活になると同時にコミュニケーションが図れ、大きな病気の早期発見につながる場合も！

自然治癒力がアップするワンコのためのマッサージ。全身の経絡を刺激すると、「気・血・水」の巡りがよくなり、免疫力アップや消化を促します。毎日の習慣が理想ですが、食後は30分以上空けてから行いましょう。そのほかにも飼い主は手を温めてから行うこと。ツボを強く押すのは厳禁です。風船が少しくぼむ程度の力がベストです。

　ツボは「だいたいこのへんかな？」でOKです。少しずれたところを押しても、その刺激はツボまで伝わり、それだけでもかなりの効果があるといわれています。また、飼い主が忙しい時に行ってもワンコは落ち着きません。時間や心に余裕のある時に行いましょう！

まずは準備を！

マッサージを施す前の準備として、犬の胸と腹をリラックスポジション（筋肉が緩んでいること）にすることが必要です。柔らかクッションやタオルケットや飼い主の股の間で仰向けにしてあげることが重要です。

このように、リラックスしている時が
ツボ押しのチャンス！

ツボ刺激

手のひらでおへその周りを時計回りにゆっくりと刺激していきましょう。

中脘《ちゅうかん》 いちばん下の肋骨の中央と
おへその中間に位置し、嘔吐に効果大。

天枢《てんすう》 おへその両脇約1～1.5㎝に
あります。下痢や便秘に効果大。

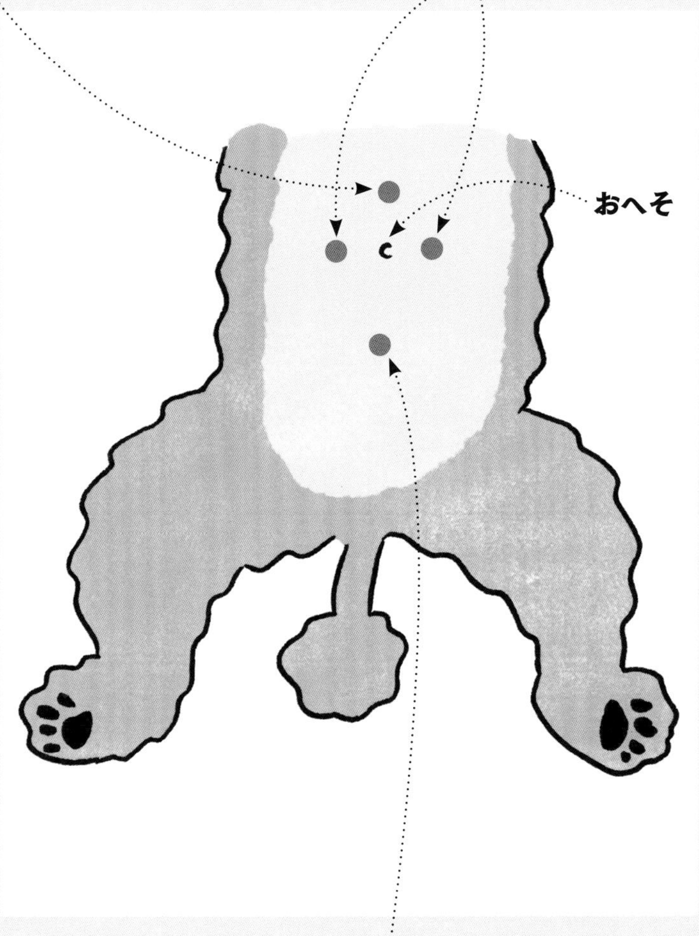

関《かん》元《げん》 おへそから犬の指4本分
下にあるツボ。血行を促進。

腸活におすすめのツボ刺激❷

気・血・水の流れを整えるツボ押し

生命の源である「気」。気の巡りが悪いと体に不具合が生じ、疲れやすい、気力が萎えるなどの症状が出て、ひいては内臓疾病につながるともいわれています。また、栄養を含んだ液体（西洋医学では血液を指す）「血」は全身に栄養を運んだり、精神を安定させる働きがあります。血液以外の水分を指す「水」は体に潤いを与え、余分な熱を抑え、排泄する働きがあります。

つまり体の中で、「気・血・水」が滞ってしまわないように流れをよくすることこそがワンコのツボマッサージなのです。余力があるときだけで構わないので、弱い力で刺激してみて！

気海《きかい》
おへそと関元の中間地点、おへそから犬の指2本分下にあるツボ。このツボは直接指圧するよりも、周囲も含めて手で温めながらさすする方法が効果的。慢性の下痢、ストレスからくるおなかの不調に。

三陰交《さんいんこう》
後肢内側で、かかとと膝を結ぶ線上で下から2/5の位置。冷えからくる胃腸のトラブルに。

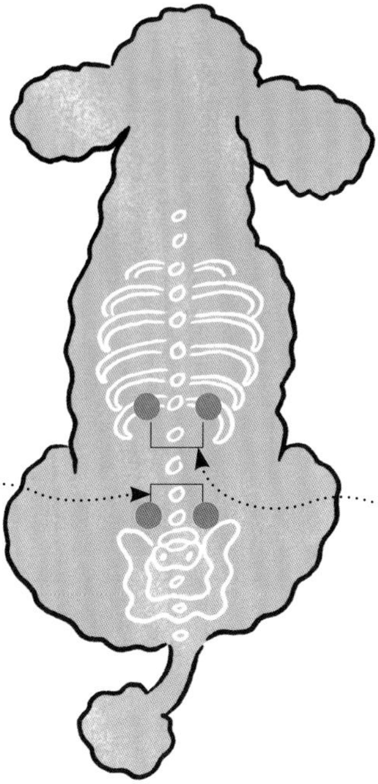

大腸《だいちょう》兪《ゆ》

骨盤を結んだラインと背骨が交わった点の少し上の背骨の両側に2つあります。大腸の疾患や機能トラブルに。

胃《い》兪《ゆ》

最後の肋骨の付け根と背骨の交差した点の両側。胃の働きをよくする。胃痛、胃膨満、嘔吐、消化不良にも効果あり。

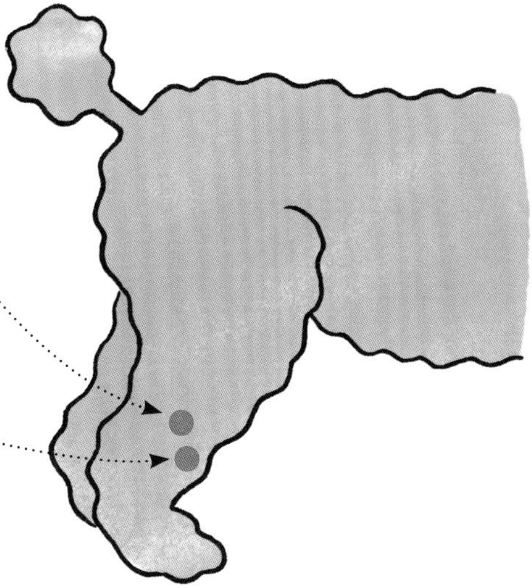

陽陵泉《ようりょうせん》

下腿の外側で腓骨頭の下、腓骨と脛骨間のくぼみの部分。胃酸過多、肝胆疾患、下半身のだるさなどに効果あり!!

足三《あしさん》里《り》

膝下の外側の出っ張りから斜め前方のくぼんだ場所。腹痛、下痢、嘔吐など胃腸の不調、歯の痛みにも。

腸活におすすめのツボ刺激③

顔マッサージでも腸活に

できるだけワンコの顔に触れてあげましょう。おなかを刺激するのが怖い方は、顔マッサージを行ってあげましょう。こちらもゆっくり動かして流すのがコツ。毛の流れを整えるように軽く指や手のひらを動かして。いきなり目の前に手をかざすとワンコはびっくりしてしまいます。まずは触られること自体に慣らす必要があります。

第5章

身近な疑問にお答えします！
腸活ワンライフ Q&A

ワンコの“長生き腸活”にまつわる
疑問やお悩みに著者・林先生が回答。
「ごはんを替えておなかをこわしました」
「シニア犬でも腸活はOK？」
「プチ断食っていいの？」など、
皆さまからのお声にアドバイスしています。
ぜひ腸活ライフの一歩を踏み出して！

腸活ごはんを食べてくれません。

ワンコにも好き嫌いがあることを把握して！

レシピの中に、もしかしたら苦手な食材が入っているのかもしれません。まずは腸活食材のみを少量、いつものごはんにトッピングするところから始めましょう！　無理やり食べさせようとすると、ストレスが影響して逆に腸の環境を乱してしまいます。

腸活ごはんに替えたら、下痢になりました。

下痢が落ち着いてから、少しずつ食事を変更して！

今までの食事からガラッと替えてしまうと、胃腸がビックリして下痢を起こしてしまうことがあります。また、食材が合っていない、消化不良などの原因も考えられますので、どの食材を食べたか、どんな調理をしたかをメモしておくと、下痢の原因が探れるかもしれません。

　どちらにしても下痢が落ち着いてから、少しずつ食事を変更しましょう。食事以外の影響として、たまたまストレスがかかっていた、気温差が激しかったというケースもありますので、食事以外に何か変わったことはなかったどうかも確認しましょう。

腸活ごはんに替えたら、「もっと欲しい！」とねだってきます。

食べすぎは禁物です！

腸活ごはんは、カロリーを抑えて考えられていますので、体重変動、BCS（ボディコンディショニングスコア）、排便状態を見ながら量を調節してあげてください。腸活ごはんとはいえ、食べすぎは禁物。過食も胃腸に負担をかけてしまいますので気をつけましょう。

※BCSは『獣医師が考案した長生き犬ごはん』（世界文化社）P.112を参照ください。

腸活の食事に替えたら、夏バテ気味です。

食事以外も、生活空間にも気をつけて！

夏は体力を消耗しますので、少し量を多めに与えてあげてもいいです。水分不足も考えられますので、1日にどのくらい水分を摂っているかを確認を。またお部屋が冷えすぎてしまって循環が滞っているケースもあります。ワンコたちの生活空間は、私たちの足元になりますので、冷房で思いのほか冷えてしまっていることがあります。室温・湿度の確認も行ってあげてください。

食材が変わったせいか不信がっています。

自分だったらどうかを考えてみて！

わたしたちも、初めての食材には躊躇すると思いますので「自分だったらこういう工夫して食べるかな？」と考えてみるといいかもしれませんね。例えば、細かく刻んでみたり、ペースト状にしたものを、お肉やお魚に混ぜ込んで与えてみたり、ワンコの好物を１品追加したりすると、すんなり食べてくれることがあると思います。

おなかにガスがたまっているようです。

ガスがたまる原因はさまざまあります。

ガスがたまる原因はさまざまで、早食いのワンコや丸のみのワンコは、ごはんを食べるときに空気も一緒に飲み込んでしまうので、ガスがたまってしまうことがあります。

また、稀に人のSIBO（小腸内細菌増殖症）に似た症状のワンコもいます。人のSIBOの場合には、腸活にいいといわれる食材は害となるため、これらをすべて避けたほうがいいとされています。

体の状態で考えると、便秘や下痢などの消化器症状がみられる＝腸内環境が乱れているときは、悪玉菌がガスを作り出すことでおなかがガスだまりになることがあります。

東洋医学的には「気滞」といって、ストレスによって腸の気の流れが悪くなり滞ってしまうことで、ガスがたまることがあります。

おならは生理的反応なので止める必要はありません。おならを頻繁にするときや不快なニオイの場合は一度、獣医師に相談を。

シニア犬でも腸活は可能ですか？

シニア犬こそ、腸活が大事！

高齢になると腸の機能低下に加えて、食事や水分の摂取量が減ることから、便秘になりやすくなります。

食物繊維が豊富な食材を摂取すべきですが、食物繊維は消化しにくいので、細かくカットする、煮込むなど、シニア犬には調理法を工夫してみてください。便秘のワンコが不溶性食物繊維を摂りすぎると、腸内の水分を吸収して、かえって便秘を悪化させることもあります。便秘になりやすいワンコは、水溶性食物繊維を多めに摂取し、不溶性食物繊維を摂るときは水分も多めに摂ることを心がけましょう。ただし、何かしら疾患を持っているワンコの場合には、獣医師と相談の上ご判断ください。

仕事が忙しくて調理ができません。

作り置きをしておきましょう！

お仕事が休みの日に作り置き（調理冷凍）をして保存しておくと、お仕事の日でも手作りごはんを与えやすくなります。完成している腸活ごはんなので、食べる直前に電子レンジや湯せんによる解凍でOK！　ただし、忙しくて疲れているときには解凍の作業すらも辛い……というときもあると思います。そんなときには、市販の食事に頼っても問題ありません。食事は毎日のこと、飼い主さんに無理せず続けていただくことが大事です。

腸活ごはん＋腸活サプリを摂れば完璧ですね？

腸活もほどほどに

食材としての腸活以外に、腸活にいいサプリメントなどを摂り入れすぎてしまうことで、マイナスに働いてしまうことがあります。腸活に限らずいえることですが、やりすぎ、摂り入れすぎはNG。何事も「ほどほどに」を意識しましょう！

10

腸活でダイエットはできますか？

腸活ごはん以外にも水分、運動などが必要です！

腸内の悪玉菌が増えると、食べたものを上手く消化することができず脂肪として体にため込みやすくなるため、腸活によって腸内環境を整え、善玉菌が働きやすい環境になることで、痩せやすい体質になります。ただし、ダイエットをするには、「腸活ごはん」以外にも「適切な水分」「適切な運動量」「十分な睡眠」という３つの柱が重要です。この４つによって、全身的に血流が良くなり、基礎代謝が上がりやすくなります。

腸活にプラスαすべき生活習慣を教えてください。

お口のケアもしっかりと

どんなに腸内環境を整えても、お口の中や歯のケアを怠っていると、口腔内の雑菌が影響し、腸内環境を乱してしまいます。口は消化管の入り口です。毎日の歯磨きがスムーズな腸活にもつながります。しかし、焦りは禁物。突然、歯ブラシを使って磨こう！と思ってしまうと嫌がって暴れてしまうことも。口回りを触っても嫌がらないというトレーニングから始めましょう。

プチ断食がいいと聞きましたが……。

健康な子ならば、たまにプチ断食もおすすめです。

胃腸は食べ物が入ってくると、その消化にエネルギーを消費します。胃腸に常に食べ物が入ってくる状態は、フルマラソンを走っているような状態です。若くて元気いっぱい、特に疾患を持っていない子であれば、たまに朝ごはんだけ抜いてみるなどのプチ断食で、胃腸を休ませてみてはいかがでしょうか。胃腸に食べ物が入ってこない時間を設けることで、デトックスも起こりやすくなりますし、デトックスすることで、皮膚の炎症を抑えたりアレルギー症状の改善も期待できます。難しい場合には、おやつだけでも休みの日をつくってみるのもいいですね。また、下痢や嘔吐などの症状が起きてしまったとき、わんこ自身がケロッとしていて、元気も食欲も問題ない場合なら、プチ断食はおすすめです。下痢の場合には脱水しないよう温かいスープを少し与え、嘔吐の場合には6時間ほど絶水しましょう。ただし、ぐったりしてしまっていたり、激しい下痢・嘔吐がみられる場合には、すぐに病院を受診してください。

13

腸活のために ヨーグルトを与えています。

牛乳ヨーグルトより 豆乳ヨーグルトが おすすめ。

乳糖が含まれているものの場合、ワンコの多くは乳糖不耐性のため、下痢をしやすくなり、腸内環境が乱れやすくなってしまいます。また、α-カゼインによる腸の炎症が懸念されますので、ヨーグルトを使用されたいときには豆乳で作られているものをおすすめします。

ワンコのために自分で腸活レシピを作りたいです！

愛犬の好みに合わせて作ってみましょう！

今回、本書に掲載した腸活レシピは20レシピと腸活おやつが5レシピ。実際に365日､腸活ごはんを食べさせるとなると、到底、足りません。ワンコの気持ちがわかるのは飼い主であるあなただけです。ですので､ワンコの好きな食材に置き換えたり、新たにレシピを作ることは大賛成です！
腸に良い食材を必ず入れて、あとはワンコの嗜好を考えて、たんぱく質1：野菜1～2：炭水化物0.5を目安に作ってみてください。ワンコも人間も同様に、さまざまな食材をバランスよく取り入れるということが大事です。注意点としては犬にとってNG食材を取り入れないこと、調味料の添加物に気をつけること、あとは炭水化物には食物繊維が含まれるため、極端にカットするとかえって腸内環境を悪化させる要因になることのみ気をつけてみてください。
ただし、がん疾患の場合は炭水化物（特に糖質）の量を減らしましょう。

※NG食材は『獣医師が考案した長生き犬ごはん』（世界文化社）P.48を参照ください。

腸内が整うと、健康になる以外に何か影響が出ますか？

イライラがなくなり穏やかになります！

自律神経が整って穏やかになります。自律神経は交感神経、副交感神経の2つからなり、交感神経が優位なときには腸の動きは抑えられ、副交感神経が優位なときには腸の働きが活発になります。この働きが乱れてしまうと、腸管の動きがコントロールできなくなり、下痢や便秘を起こしてしまったり、悪玉菌の割合が増えてしまったりします。ストレスがかかると交感神経優位となり腸が動きにくくなりますので、リラックスできる生活を心がけましょう。

腸活レシピにサプリを与える必要はありますか？

不足したミネラル補給はサプリで！

手作り食の場合には、食材のみでの微量栄養素（特に亜鉛、鉄分、カルシウムなどのミネラル類）の補給は難しく、これらの栄養素が長期的に不足してしまうと健康を害する恐れがあります。ミネラルは、ワンコの骨や歯の形成、神経伝達、細胞の働きなど、体を正常に保つために欠かせない栄養素です。そのため、サプリメントを活用しながら、不足しがちな栄養素を補給してください。

ドッグフードとの併用でも可能ですか？

もちろん可能。

可能です。ただ、今日は腸活ごはん、明日はドッグフード……というよりは、ドッグフードに腸活ごはんをトッピングするという形のほうが、おなかへの負担は軽いでしょう。理想としては、長く続けることでワンコの健康長寿につながります！

ワンコの腸を整えてくれる食材を探し出すには？

毎日食べ傾腸《けいちょう》をしてみましょう。

腸によいおすすめの食品を１～２週間毎日食べ続け、便の状態を観察してみましょう。腸内細菌の乱れは、さまざまな疾患を引き起こします。わたしは飼い主の方に「ウンチは我が子からのラブレター」と伝えています。日々のウンチは、我が子の体の変化を表してくれていますので、ラブレターを受け取りながら、我が子に合う食材を見つけましょう。

腸活のチェック項目

- ☐ 発酵食品を摂る
- ☐ 食物繊維を摂る
- ☐ バランスよく食べる
- ☐ ウンチを必ずチェックする

おわりに

多くの研究で
ワンコの腸内も
解明されてきている

いかがでしたでしょうか？　人間の世界では、腸内細菌叢《そう》は、病原体の排除、免疫の過剰反応による炎症性疾患など、免疫機能にも大きな影響を与えていることがわかってきて、多くの研究が日進月歩で進められています。

それはワンコの世界でも一緒。特に現代のワンコは生活の多様性、食の多様性がある一方で、それらがストレスとなっているケースが多いようにも、日々感じています。

免疫の７割を担っている腸。腸を整えておくことは病気に負けない体づくりの基本となるだけでなく、腸は様々な臓器との関連性がわかってきていますので、腸活は現代を生き抜くワンコにとって、重要なことではないでしょうか。もっと広範囲にいってしまえば、口から肛門までの消化管すべてを整えておくことは、長生きの秘訣になると思っています。

成犬であれば、自分自身である程度、整えていく力は備えられていますが、パピーのときは、まだ腸内環境が不安定であり、シニアになるとまた腸内環境が不安定になりがち。

そのため、ワンコが幼いときから腸活を意識していただくことで、病気知らずの強い体が作れ、楽しいワンライフが過ごせると思います。

Staff

Author	林 美彩
Supervision	古山範子
Photo	武蔵俊介
Styling	綱渕礼子
Cooking & Seasoning	河村祐茉
Cooking Assistant	齊藤理紗子
Illustration	尚味
Art Direction & Design	太田玄絵
Sales	大槻茉未
Promotion	霜田真宏
Production	中谷正史
Special thanks	宮川あずさ、村田理江、UTUWA
Composition & Text	橋本優香
Edit	宮本珠希

Special Thanks!!!

参考

文部科学省 食品成分データベース
『新しい腸の教科書 健康なカラダは、すべて腸から始まる』江田 証 著　池田書店
『病気にならない乳酸菌生活』藤田紘一郎 著　ＰＨＰ研究所
『人と犬のココロとカラダのHAPPY WORK 愛犬のリフレクソロジートリートメント入門』 クリスチャン・ヨンセン 著　ロネ・ソレンセン 著　飯野由佳子 監修・翻訳　BABジャパン

健康・長寿のヒケツは腸にあり！
獣医師が考案したワンコの長生き腸活ごはん

発 行 日：　2024年3月5日　初版第1刷発行

著　　者：　林 美彩
監 修 者：　古山範子
発 行 者：　波多和久
発　　行：　株式会社Ｂｅｇｉｎ
発行・発売：　株式会社世界文化社
〒102-8190　東京都千代田区九段北4-2-29
TEL：03-3262-5126（編集部）
TEL：03-3262-5115（販売部）
Ｄ Ｔ Ｐ：　株式会社アクティナワークス
印刷・製本：　大日本印刷株式会社

ISBN978-4-418-24404-1